MÉTÉO 2050

Laurent Romejko

MÉTÉO 2050

Alimentation, santé, transports, habitat : comment vivrons-nous le réchauffement climatique ?

Michel LAFON

118, avenue Achille-Peretti – CS 70024
92521 Neuilly-sur-Seine Cedex

www. michel-lafon.com

« Éviter l'ingérable et gérer l'inévitable »

« À Anne, Mathilde, Louis »

PRÉFACE PAR JEAN JOUZEL

En juillet 2010, Chantal Jouanno, alors secrétaire d'État chargée de l'Écologie, me demandait de coordonner une mission visant à « établir une synthèse approfondie sur les scénarios de référence à considérer pour la mise en œuvre du plan national français d'adaptation au changement climatique ». Cette demande s'inscrivait dans le prolongement de mon implication dans le Grenelle de l'environnement, puis dans la préparation de ce premier plan national d'adaptation mis en place pour la période 2011-2015. Cinq rapports élaborés par des scientifiques français de différents organismes de recherche avec le soutien de l'ONERC (l'Observatoire national sur les effets du réchauffement climatique) ont été publiés sur cette période. Ils sont consacrés à l'analyse de scénarios d'évolution du climat dans notre pays et des aspects liés à la montée du niveau de la mer. Avec un objectif clair : décliner pour la France métropolitaine et les territoires ultramarins les résultats présentés, à l'échelle de la planète ou de continents comme l'Europe, dans les rapports successifs du GIEC (le Groupe d'experts intergouvernemental sur l'évolution du climat).

Ce travail de synthèse s'est largement appuyé sur des simulations réalisées à l'aide de modèles régionaux, couplés aux deux modèles globaux mis en œuvre dans notre pays, au CNRM (Centre national de recherches météorologiques) de Météo France et à l'IPSL (Institut Pierre-Simon-Laplace) ; il s'est attaché à représenter le plus correctement possible les incertitudes en analysant un ensemble plus large de simulations. La régionalisation des simulations globales de départ a été effectuée de façon à passer de la résolution la plus basse utilisée dans ces modèles globaux, de l'ordre de 200 kilomètres, à une résolution de 12 kilomètres. Les principales variables climatiques disponibles portent sur les températures et précipitations moyennes, les indices de vagues de froid, de chaleur, de sécheresse et de précipitations extrêmes. Le rapport sur le niveau de la mer traite des observations, des projections – là aussi en s'appuyant sur les rapports du GIEC – et des impacts en matière de submersion marine, d'érosion côtière, d'intrusion saline et d'infrastructures.

Ces rapports nous disent qu'à l'horizon 2050, l'évolution du climat dépend peu des scénarios d'émission de gaz à effet de serre. Toutes saisons confondues, notre climat sera caractérisé par une hausse des températures moyennes comprise entre 0,6 et 1,3 °C, qui devrait être plus importante en été dans le sud-est de la France, où elle pourrait atteindre 1,5 à 2°C. Cette hausse sera accompagnée d'une augmentation du nombre de jours de vagues de chaleur en été, et d'une légère hausse des précipitations moyennes, en été comme en hiver, avec une forte incertitude sur la répartition géographique de ce changement. Dans le cas d'un scénario sobre, synonyme de stabilisation du réchauffement, le climat évoluerait peu entre le milieu et la fin du siècle, aussi bien pour les températures moyennes que pour les autres paramètres – quantité et intensité des précipitations, sécheresses, vagues de chaleur. Mais des réchauffements beaucoup plus importants seraient observés dans le cas d'un scénario émetteur vers lequel nous irions en l'absence de mesures sérieuses visant à réduire les émissions de gaz à effet de serre à l'échelle planétaire. À la fin du siècle, les réchauffements moyens seraient alors compris entre 3,4 et 3,6 °C en hiver et entre 2,6 et 5,3 °C en été ; ils pourraient être particulièrement marqués en allant vers le sud-est du pays. Quant à la montée du niveau de la mer, elle pourrait alors atteindre jusqu'à 80 centimètres, avec la possibilité de fortes disparités régionales.

Grâce à la mobilisation de notre communauté scientifique autour de mon collègue Serge Planton, ces rapports sont très bien documentés. De même, le premier plan d'adaptation est riche d'informations sur la sensibilité au climat des activités principales de notre pays (agriculture, élevage, pêche, tourisme...) et de nos réseaux urbains, de nos côtes, de nos bassins fluviaux et de leurs aquifères déjà très exploités ; il rappelle les enjeux économiques et sociaux majeurs des indispensables mesures d'adaptation, notamment celles relatives à l'eau, au secteur énergétique, aux réseaux de transport, aux bâtiments, à l'agriculture, à la pêche, à la biodiversité, aux forêts, et au système de santé. Le second plan d'adaptation, finalisé en début d'année 2019, s'inscrit dans cette dynamique. Quant aux mesures d'atténuation visant à diminuer nos émissions de gaz à effet de serre, elles sont présentées et analysées dans des documents tels que ceux publiés à partir de 2007 dans le cadre du Grenelle de l'environnement. Et ces mesures constituent l'un des piliers de la loi sur la transition énergétique pour la croissance verte, dont la version révisée devrait, en 2019, inclure l'objectif de neutralité carbone d'ici 2050.

Tous ces documents – Grenelle de l'environnement, textes de loi, scénarios climatiques, plans d'adaptation, programmation pluriannuelle de l'énergie… – sont librement et facilement accessibles pour qui en est informé. Leur lecture permet de relativement bien cerner les conséquences possibles du réchauffement climatique dans notre pays et les solutions qui devraient être mises en œuvre pour respecter les objectifs affichés. Ces documents sont assez largement consultés et utilisés, notamment par les associations environnementales et les personnes qui, dans les villes et les territoires, mettent en place les plans « Climat ».

Mais malgré la richesse des informations qu'ils contiennent, ce n'est pas vers eux que le citoyen qui s'intéresse à l'évolution de notre climat et le « grand public » se tournent pour imaginer de façon concrète vers quelle France nous allons en matière climatique à l'horizon 2050 et au-delà. Beaucoup recherchent dans leurs lectures une plongée au cœur de la réalité du réchauffement climatique telle qu'ils pourraient le vivre au cours des prochaines décennies. Nous l'avons mentionné, la nature qui nous entoure et quasiment tous les secteurs d'activité de nos sociétés seront affectés, de façon négative pour la plupart d'entre eux. C'est donc un véritable défi d'en rendre compte de façon concrète, et de dire en quoi nos modes de vie pourraient être modifiés par la double nécessité de lutter contre le réchauffement climatique et de s'y adapter.

Ce défi est remarquablement relevé par Laurent Romejko dans un ouvrage où se côtoient une vision de l'évolution du climat de notre pays s'appuyant sur des sources très bien documentées – nombreux rapports, dont ceux du GIEC mais pas uniquement, articles scientifiques les plus récents – et une approche plus anecdotique qui nous la fait vivre au jour le jour ou presque. Cette immersion dans le monde de demain est d'autant plus intéressante que Laurent Romejko la centre sur les années 2050, que beaucoup de ses lecteurs connaîtront. Dès le premier chapitre, le décor est planté : climat plus chaud qu'aujourd'hui sur toute la France – et encore plus pour ceux qui habitent la moitié est du pays – et hivers plus doux. Avec des événements extrêmes tels que sécheresses, fortes précipitations, épisodes méditerranéens et activité orageuse printanière, qui risquent d'être plus intenses ou plus fréquents, les deux dans certains cas.

Et nous voici en ville avec ce problème spécifique des îlots de chaleur urbains auquel nos métropoles auront à faire face. Puis Laurent Romejko aborde de façon sectorielle ce qui fait notre vie : habitat, énergie transport, gestion de l'eau. Nous partageons avec lui les questions qu'il se pose dans les domaines de l'agriculture, de la pêche et de l'alimentation, et il nous sensibilise aux conséquences du réchauffement climatique dans les régions littorales et en montagne, particulièrement vulnérables, et là où elles risquent d'être le plus visibles : sur la faune, la forêt et la santé. C'est un panorama très complet et extrêmement bien documenté qu'il nous offre. De lecture facile et très enrichissante, cet ouvrage nous plonge dans la réalité du réchauffement climatique, de ses conséquences et de modes de vie qui, s'ils sont adoptés à très grande échelle, devraient contribuer à en limiter l'ampleur et à s'y adapter.

Directeur de recherche émérite au CEA, Jean Jouzel a été vice-président du groupe scientifique du GIEC de 2002 à 2015.

URGENCE !

Stockholm, juillet 1971. Trente scientifiques de quatorze pays se réunissent pour débattre des impacts des activités humaines sur le climat, et de ses possibles modifications. C'est une première !

Washington, trois ans plus tard, le 8 mai 1974. Quelques semaines après la tenue d'une session spéciale de l'Assemblée générale des Nations unies entièrement consacrée à ce sujet alarmant, l'Administration américaine adresse ce télégramme à l'Organisation météorologique mondiale : « Les dirigeants du monde entier ont exprimé leur préoccupation face aux indications faisant état d'un possible changement climatique à long terme. Le secrétaire d'État Henry Kissinger propose que ce problème fasse immédiatement l'objet d'investigations. »

Pour évaluer l'intensité de ce dérèglement climatique annoncé et prévoir objectivement son évolution, le Groupe d'experts intergouvernemental sur l'évolution du climat (GIEC) est créé en 1988, sous l'égide de l'ONU : les rapports publiés par ses 193 membres permettront d'établir des projections sur l'évolution du climat de notre planète.

Mobilisation générale

Cela fait donc près de cinquante ans que les scientifiques et les politiques se préoccupent de l'évolution du climat. Cinquante ans que des citoyens se mobilisent, toujours plus nombreux, et que les conférences internationales se succèdent. Le très emblématique accord de Paris sur le climat signé le 12 décembre 2015 et entré en vigueur un an plus tard, le 4 novembre 2016, a été le premier pacte climatique universel. Approuvé par 197 pays, il prévoit notamment que le réchauffement climatique devra être contenu, avant 2100, « bien en dessous de 2 °C par rapport aux niveaux » de l'ère préindustrielle, et demande aux signataires de « poursuivre » leurs « efforts » en vue d'améliorer encore ce résultat, en limitant plutôt « la hausse des températures à 1,5 °C ». Mais les engagements pris sont à chaque fois timides, car difficiles à négocier. Pourtant, il y a urgence !

Pendant ce temps, en effet, les températures s'envolent, et la France, évidemment, est concernée. Depuis le début de l'ère industrielle, le thermomètre hexagonal est déjà monté de 1 °C, et cette hausse s'accélère : 2018 a été l'année la plus chaude jamais enregistrée dans notre pays, juste après 2014 et 2011. En tout, neuf des dix années les plus chaudes depuis le début du XXe siècle ont été comptabilisées après l'an 2000…

N'en déplaise aux climatosceptiques, la corrélation entre les activités humaines, les émissions de gaz à effet de serre et le réchauffement est aujourd'hui incontestable. Dernière recommandation en date du GIEC, qui fait donc écho à ce que préconisait dès 2015 l'accord de Paris : limiter impérativement cette élévation du mercure à 1,5 °C !

Problème : en 2019, nous y sommes presque. Il nous reste une minuscule marge, d'un tout petit demi-degré seulement – mais nous savons déjà qu'elle sera largement atteinte dès 2040. Pour rester en deçà du seuil et éviter une catastrophe, les scientifiques préconisent de diviser nos émissions de gaz à effet de serre pratiquement par deux d'ici dix ans, puis de les ramener à zéro au plus tard en 2050. Un véritable challenge, quand on sait que les émissions de CO_2 repartent à la hausse depuis 2017…

Un redoutable défi

Contenir le réchauffement en dessous de 2 °C constitue donc un redoutable défi. Certains scientifiques estiment même que nos chances d'arriver à respecter l'accord de Paris ne sont que de 5 %. Et de fait, les récentes projections pour la France envisagent plutôt, pour les prochaines décennies, une augmentation moyenne de 2 à 3 °C degrés en hiver, et de 3 à 4 °C en période estivale, avec des disparités régionales. Les signaux de ce réchauffement se multiplient déjà : sécheresse et canicules bien entendu, épisodes pluvieux et orageux plus intenses, crues plus fréquentes et soudaines, hivers sans froid, moindre enneigement, fonte des glaciers…

La machine climatique s'emballe, et selon le degré de gravité du scénario envisagé, les phénomènes météorologiques gagneront en intensité. Le constat est donc sans appel : le climat change et nous devons changer nous aussi, car nous n'avons tout simplement plus le choix ! Cette (r)évolution est indispensable si nous voulons nous adapter aux nouveaux événements climatiques – les anticiper, les prévenir, limiter leurs effets et nous en protéger.

Un second challenge porte par conséquent sur la modification de nos modes de production et de consommation pour réduire au maximum et le plus rapidement possible nos émissions de gaz à effet de serre, et en particulier de dioxyde de carbone (CO_2).

Mais l'interprétation parfois apocalyptique du réchauffement effraie, et les changements nécessaires sont encore trop souvent perçus comme autant de régressions.

Or, cette évolution du climat peut et doit aussi être envisagée comme une formidable opportunité qui nous est offerte de reconsidérer rapidement nos modes de vie, sans forcément renoncer à tout ce à quoi nous tenons, car ils doivent tout de même rester… vivables ! Tous les pans de notre société devront être transformés pour réduire notre empreinte écologique. Les grandes orientations, les projets, les expériences en cours, mais également les nombreuses problématiques à venir nous permettent déjà d'entrevoir ce que sera notre environnement au milieu du XXIe siècle. À quoi ressemblera, dès lors, le quotidien de nos enfants et de nos petits-enfants en 2050 ?

Inventer

Au cœur du problème : la hausse des températures et ses conséquences sur certains phénomènes météorologiques qui gagneront en intensité et en fréquence. Entre la plus grande douceur hivernale, les canicules estivales et le régime des précipitations modifié, les écosystèmes se déplaceront. La gestion de l'eau sera encore plus primordiale qu'elle ne l'est aujourd'hui. Les conséquences de ce réchauffement toucheront de plein fouet notre agriculture, qui devra se réinventer. Nos forêts évolueront, la faune qui les habite devra s'adapter à ces nouvelles conditions ou se déplacer. La flore changera. Avec quelques degrés supplémentaires, la montagne offrira également un nouveau panorama, été comme hiver… Les cartes du tourisme seront rebattues. Y compris pour le Midi méditerranéen, qui affrontera de plein fouet les risques d'incendies et de sécheresse. Le littoral, quant à lui, subira une élévation du niveau de la mer et sera menacé d'érosion, voire, localement, de submersion.

Cette envolée du mercure aura aussi un impact sur notre santé, avec un risque accru d'hyperthermie et de déshydratation en période estivale, mais aussi l'apparition de nouvelles maladies infectieuses et virales liées à l'arrivée sous nos latitudes de certains insectes.

Cependant, si cette perspective est sombre, c'est souvent dans l'adversité que nous faisons preuve d'une imagination débordante et que les innovations fleurissent. Notre production d'énergie, nos moyens de déplacement seront revisités pour tenter de stopper nos émissions de gaz à effet de serre. Les pistes sont nombreuses ! Il faudra surtout s'adapter aux nouvelles conditions météorologiques. Repenser l'urbanisme pour limiter les conséquences des pluies torrentielles. Imaginer la ville de demain pour atténuer l'effet d'îlot de chaleur et la rendre respirable. Rénover notre habitat pour limiter son empreinte environnementale, construire systématiquement des bâtiments à énergie positive.

Nos modes de consommation changeront également. Avec ces contraintes nouvelles, le souci d'une alimentation plus saine et plus propre, avec une empreinte environnementale réduite, modifiera considérablement le contenu de nos assiettes !

Dans ce contexte de menace climatique, les idées germent, les expériences se multiplient, et les projets jaillissent, souvent étonnants et encourageants. Grâce à ces pistes qui se dessinent, voici ce que pourrait être le quotidien de nos descendants au milieu du XXIe siècle, en 2050 !

MÉTÉO 2050

Mardi 29 décembre. L'année 2050 se termine, mais l'hiver ne semble toujours pas avoir commencé. Autrefois, on disait : « Noël au balcon, Pâques aux tisons. » Désormais, la première partie du dicton se vérifie toujours, mais plus la seconde.

Cette année s'achève comme elle a commencé, dans la douceur. Dans la sous-préfecture du département du Nord, les adeptes du bain de mer du Nouvel An – « les givrés de Dunkerque », comme on les appelle – s'apprêtent à honorer, comme ils le font chaque année le 1er janvier, cette tradition vieille de plus de cinquante ans.

Avec plus de 14 °C sur la plage de Malo-les-Bains, ils ont peut-être un peu moins de mérite que leurs prédécesseurs, qui, il y a quarante ans, grelottaient par une température ambiante de 8 °C à peine…

Mais le bonheur des baigneurs fait le désespoir des skieurs. Depuis maintenant une vingtaine d'années, la plupart des stations de sports d'hiver ouvrent leurs pistes vers la mi-janvier seulement. La saison hivernale 2050 a donc été courte, comme les précédentes. Les premières neiges, à la fin du mois de novembre 2049, avaient pourtant été prometteuses : chacun espérait que cette année, enfin… Mais cet enthousiasme a vite été douché par la douceur et le manque de précipitations qui ont suivi. Dès le début de cette saison, les gelées ont été extrêmement rares, y compris dans le Nord-Est. En journée, à l'approche de Noël, le mercure a même atteint 16 °C à Nancy, 17 °C à Niort et 18 °C à Sallanches, en plein cœur de la Haute-Savoie !

Péniblement, un petit manteau neigeux s'est progressivement constitué entre la mi-janvier et le début du mois de mars – date à laquelle il avait atteint son plus haut niveau de l'hiver. Des valeurs habituelles pour ce milieu de siècle, avec un enneigement toujours très déficitaire et discret à basse et moyenne altitude, notamment sur les Alpes. Autant dire que, dans la plupart des stations de ski situées en dessous de 1 500 mètres d'altitude, les pentes sont une fois encore restées vertes.

Froid d'autrefois

Le phénomène touche tout le pays : partout, même si jusqu'à la mi-mars les épisodes hivernaux sont toujours d'actualité, les jours froids sont en nette diminution depuis le début du XXIe siècle. Cela est particulièrement vrai dans les régions du Nord-Est, qui ont perdu jusqu'à huit jours très froids par an en cinquante ans ! Le paysage s'en ressent, dont les teintes – c'est aujourd'hui très net – ne sont plus les mêmes qu'il y a encore vingt ans : la végétation souffre de ne plus grelotter, les parasites restent actifs, et les bourgeonnements, dorénavant, sont trop précoces. Cette douceur hivernale, devenue la norme depuis la fin des années 2030, peut aussi avoir des effets sur notre moral. Car, outre que l'ensoleillement, source bien connue de vitamine D, reste très insuffisant en cette période de l'année, nous accusons également, depuis quelques décennies, un manque de ce froid qui nous est pourtant nécessaire. Et qui, désormais, nous fait lui aussi défaut en hiver.

D'autant que le printemps, cette année encore, s'est installé très soudainement. Dès le début du mois d'avril, le thermomètre s'est envolé. La première conséquence de ce passage abrupt d'une saison à l'autre a été une fonte immédiate et massive du manteau neigeux quatre semaines plus tôt, environ, qu'au début du siècle. Et beaucoup trop tôt, en vérité, car, comme chaque année depuis vingt ans, la neige a manqué cruellement quelques semaines plus tard, lorsque la plupart des cours d'eau étaient insuffisamment alimentés.

L'autre conséquence de ce subit redoux a été cette curieuse impression que nous avons une fois de plus éprouvée, et à laquelle nous ne sommes peut-être pas encore complètement habitués, de passer en quelques heures de l'hiver au printemps… Ou plutôt, de l'automne à l'été, puisque les températures ont atteint dès le mois d'avril des valeurs dignes d'un mois de juillet d'autrefois !

Les 25 °C ont souvent été dépassés, et les 30 °C parfois atteints : cela a notamment été le cas à Strasbourg, à Grenoble ou dans la métropole du Grand Paris. Sur le littoral, au Havre, par exemple, ou à Perros-Guirec, il a aussi fait plus de 26 °C. À Nantes, le muguet, cette année encore, est arrivé en avance. Et que dire des 25 °C relevés à Mouthe, dans le Jura, à la fin avril ? En 2050, la réputation de « petite Sibérie française » de cette commune, où la température avait chuté jusqu'à –36,7 °C au cours de l'hiver 1968, n'est plus qu'un lointain souvenir…

Orages

Difficile, dans ces conditions, de ne pas se découvrir d'un fil… Mais il convient de conserver tout de même quelques vêtements de pluie. Car l'air chaud qui s'accumule sur le pays favorise les orages, nombreux et violents. La séquence se reproduit maintenant presque chaque année : en mai dernier, la France a reçu près de 200 000 impacts de foudre. C'est considérable, mais c'est la norme aujourd'hui. Ces épisodes ont été accompagnés de chutes de grêle qui ont occasionné d'importants dégâts sur l'est du pays.

De telles intempéries ne sont pas seulement destructrices pour la végétation précocement bourgeonnante ou en fleurs : les quantités de pluie, équivalentes parfois à ce qui tombait naguère en un mois, qui s'abattent aujourd'hui en quelques heures seulement sur certaines régions sont trop importantes pour s'infiltrer convenablement dans les sols. Le bénéfice est donc minime, hélas, pour la recharge des nappes phréatiques, qui en ont pourtant, nous le verrons, cruellement besoin.

En revanche, le ruissellement abondant provoque, durant le mois de mai, de nombreuses inondations soudaines. Y compris en Méditerranée, où ces épisodes se réactivent et augmentent fréquemment, alimentés par des phénomènes de trombes marines. C'est ainsi que depuis quelques années les crues éclairs se sont multipliées, et souvent aggravées à cause des vents contraires qui empêchent l'évacuation des eaux des rivières vers la mer. Fort heureusement, ces phénomènes d'une extrême violence sont beaucoup moins meurtriers aujourd'hui, grâce aux nouvelles règles d'urbanisme entrées en vigueur depuis 2030.

Mai 2050 n'a donc pas été un très joli mois, sauf pour les régions proches de la Manche et de l'Atlantique, qui, seules ou presque, ont tiré leur épingle du jeu climatique, avec une météo stable, ensoleillée et douce. Les plages bretonnes et normandes, où les baigneurs du printemps sont chaque année plus nombreux, ont été, comme d'habitude, prises d'assaut pendant les jours fériés et les ponts. Toutefois, ne nous y trompons pas : chaque médaille météorologique a son revers, et ce temps sec, propice au farniente, a une fois de plus privé la moitié ouest du pays des pluies si nécessaires à la réalimentation de ses réserves d'eau souterraines.

L'été sera chaud !

Le thermomètre, on se le rappelle, est reparti à la hausse dès les premiers jours du mois de juin, avec un premier épisode de canicule. La température a dépassé les 38 °C à Toulouse et atteint les 40 °C à Gignac, dans l'Hérault. La moitié nord de la France n'a pas été en reste : il a fait plus de 3C à Metz. Et comme on le sait, aujourd'hui, l'air ne se rafraîchit plus que très peu pendant la nuit. En cette fin d'année scolaire, les élèves du primaire et du secondaire ont donc bénéficié, une fois de plus, de mesures d'aménagement de leur emploi du temps : les cours leur étaient dispensés de 7 heures à 13 heures, puis ils allaient se mettre à l'abri. Ces conditions météorologiques se sont maintenues pendant une dizaine de jours sur plus de trente départements. Et fatalement, il y a eu de nombreux incendies – les premiers de la saison.

Car dans les régions méditerranéennes, l'aridité des sols en surface est quasi permanente et ne cesse de s'aggraver depuis le début du XXIe siècle. Combinée aux effets du mistral qui a soufflé dès les premiers jours de juillet, cette sécheresse a provoqué des départs de feux sur toute la Provence, notamment le Var et les Bouches-du-Rhône – et jusque dans les Alpes-de-Haute-Provence ainsi que les Alpes-Maritimes. Ce sont plus de 30 000 hectares qui ont été réduits en cendres.

Les départements situés plus à l'ouest, qui étaient restés à peu près préservés jusque dans les années 2030, souffrent désormais eux aussi de la faiblesse du niveau de leurs réserves d'eau. Depuis que la végétation remonte vers le nord, que le pin maritime s'apprête à franchir la Loire et que le chêne vert n'est plus exclusivement méditerranéen, le risque d'incendies pèse aussi très directement sur la Nouvelle-Aquitaine et le Massif central, où des restrictions en eau sont devenues nécessaires...

Au début de l'été 2050, Poitiers a bénéficié, si l'on ose dire, du climat qui était celui de Carcassonne en 2010, Rennes de celui de La Rochelle, et Lille de celui de Paris. Cette année encore, les juillettistes ont donc souffert de la chaleur.

C'est surtout sur la moitié est du pays que l'intensité et la durée des vagues de chaleur se sont renforcées dans le cours du dernier demi-siècle, avec en moyenne vingt jours de canicule estivale de plus qu'au début des années 2000. À la fin du mois de juillet dernier, le thermomètre a indiqué plusieurs jours durant 38 °C à Valenciennes et Tours, 39 °C à Montauban, 40 °C à Dijon, Bordeaux et Paris, 41 °C à Strasbourg Reims et Limoges, 42 °C à Lyon et Grenoble, et jusqu'à 43 °C à Montpellier ! Sur le reste du territoire, cette hausse a été un tout petit peu plus supportable, et l'air plus respirable : il a fait, par exemple, 30 °C « seulement » à La Rochelle et à La Baule. Mais c'est en Bretagne et en Normandie que les températures sont restées les plus agréables, et les plus proches de celles qui avaient cours, jadis, en été, puisqu'il a fait 26 °C dans le Finistère et la Manche.

Canicules

Le mois d'août, lui aussi, a été marqué par plusieurs périodes de canicule successives. C'est en ville que les conditions deviennent alors très pénibles : malgré les efforts déployés progressivement depuis 2020 par les pouvoirs publics pour limiter l'accumulation de chaleur dans nos métropoles en les verdissant et en les rafraîchissant, l'effet d'îlot de chaleur urbain – nous verrons plus loin ce que recouvre exactement cette appellation un peu technique – est toujours accablant dans de nombreuses agglomérations comme Lyon, Strasbourg, Grenoble et, bien sûr, Paris. Dans ces zones urbaines, les valeurs enregistrées au plus fort des périodes de canicule estivales sont parfois supérieures de 6 °C à celles qui règnent dans les proches zones périurbaines ou rurales, car le rafraîchissement nocturne y est toujours très laborieux.

Au cours de cet été 2050, la chaleur s'est également accumulée dans les eaux de la Méditerranée. Aux premiers jours de l'automne, les rivages affichaient encore des températures de plus de 28 °C : pratiquement 5 °C de plus qu'au début du siècle. Cette eau, chaque année un peu plus chaude, s'évapore plus facilement et alimente la virulence des épisodes méditerranéens. Ils ont été cette année encore plus nombreux, et surtout plus intenses, qu'en 2049. Les systèmes orageux, arrivés de la mer, se sont retrouvés bloqués sur les premiers contreforts du Massif central, et ont une fois de plus déversé des quantités de pluie phénoménales – elles sont tous les ans plus importantes : il est tombé en quelques heures l'équivalent de plusieurs mois de précipitations.

De septembre à novembre, au total, sept de ces épisodes ont marqué cet automne 2050. Les crues sont à chaque fois plus soudaines et meurtrières. Néanmoins, les travaux menés pour désimperméabiliser les sols en zone urbaine à proximité de ces cours d'eau semblent enfin porter leurs fruits : le ruissellement est partiellement absorbé par de nouvelles surfaces végétalisées, et la déconnexion des eaux pluviales du réseau public d'assainissement réduit les débordements.

En ce milieu de siècle, les saisons se suivent et se ressemblent. L'automne 2050 avait, comme les précédents, des allures estivales. En octobre dernier, comme souvent, les conditions météorologiques étaient toujours très chaudes, avec 28,8 °C à Nancy et 29,4 °C à Nevers. Puis cette chaleur s'est atténuée, mais la douceur s'est prolongée jusqu'au toujours bien nommé « été de la Saint-Martin », fêté le 11 novembre. Ce jour-là, on enregistrait encore 20 °C à Saint-Dizier, en Haute-Marne, et 19 °C à Ploumanac'h, dans les Côtes-d'Armor.

Après quoi l'hiver a montré furtivement le bout de son nez début décembre : quelques gelées, et des flocons vite oubliés. Pendant la douce nuit de Noël, les températures étaient, cette année encore, supérieures à la « normale » – une moyenne du thermomètre calculée sur les trente dernières années, puisque c'est la règle, c'est-à-dire sur la période 2011-2040. Mais en réalité, leur augmentation est très nettement supérieure à la hausse de 1,5 °C par rapport à l'ère préindustrielle que les scientifiques espéraient il y a trente et un ans, en 2018….

En ville

Pourquoi les toits de nos villes sont-ils aujourd'hui, en 2050 – et à l'exception, bien sûr, de ceux des vieux immeubles haussmanniens, en zinc, qui ont gardé leur si typique teinte métallisée – d'un blanc éclatant ? Pourquoi nos rues ne sont-elles plus goudronnées, mais désormais recouvertes, pour beaucoup, d'un béton (recyclable) gris clair ? Pour le comprendre, il faut se rappeler le moment où le monde a pris conscience de la nécessité de limiter les effets des îlots de chaleur urbains, ces bulles de chaleur qui se forment sur les villes et qui font que, dans ces agglomérations, la température est toujours plus élevée de quelques degrés que dans les zones périurbaines et rurales environnantes, et qu'elle reste très élevée la nuit venue !

Ce phénomène est dû, pour l'essentiel, aux matériaux qui étaient employés naguère pour la construction et l'aménagement des centres urbains, comme le goudron ou le béton, principalement, car leur albédo – la part du rayonnement solaire qu'ils réfléchissent – était très bas. Ils absorbaient et emmagasinaient donc de grandes quantités de chaleur solaire, et restituaient cet excès une fois le soleil couché.

Le manque d'espaces verts et de plans d'eau dans nos villes entrait aussi pour beaucoup, au début du siècle encore, dans la constitution des îlots de chaleur, car on y manquait de l'humidité que de tels espaces auraient apportée. Enfin, les activités humaines – chauffage, industries, transports – aggravaient encore le phénomène. Et jusqu'à la fin du XXe siècle, personne ne s'en était réellement formalisé. Mais avec le réchauffement climatique et la hausse générale des températures estivales, il est devenu nécessaire et urgent, pour protéger notamment les citadins les plus vulnérables aux épisodes caniculaires qui se sont multipliés, comme les nouveau-nés et les personnes âgées, d'atténuer le niveau des températures urbaines.

Du vert

Pour lutter contre les îlots de chaleur, nos villes ont d'abord été végétalisées.

D'une part, de nombreux arbres y ont été plantés, qui ont bien sûr été choisis parmi des espèces non allergisantes, de sorte que leur installation, bénéfique pour l'environnement, a également eu des effets sanitaires non négligeables. C'est l'ombre qu'ils procurent qui joue ici le rôle le plus important, puisqu'elle permet, en réduisant notamment la quantité de chaleur solaire que reçoivent les bâtiments, des baisses très significatives des températures, qui peuvent aller jusqu'à 5 °C. De plus, ces arbres ont, en toute saison, un effet isolant : en hiver, ils réduisent l'infiltration du froid ambiant à l'intérieur des immeubles, mais aussi la déperdition de chaleur vers l'extérieur – permettant ainsi de réaliser des économies de chauffage urbain.

D'autre part, les toitures et les murs de nos villes ont également été reverdis. En 2020, Paris, qui accusait à l'époque, avec 6 mètres carrés seulement d'espaces verts par habitant, un lourd retard par rapport aux autres capitales européennes, avait ainsi atteint son objectif, fixé quelques années auparavant, de végétaliser 100 hectares de toits et de murs de ses bâtiments, où sont cultivées des plantes non invasives et qui produisent peu de terpènes – ces hydrocarbures émis naturellement par de nombreuses plantes qui contribuaient à l'effet de serre.

Depuis, la capitale a largement rattrapé son retard, en poursuivant ce verdissement et en subventionnant, par ailleurs, plusieurs milliers de microfriches urbaines, où des poulaillers et des ruches partagés ont également été installés.

Du blanc

Pour protéger les villes contre les trop fortes températures urbaines, après que des physiciens américains ont mis en évidence que « repeindre en blanc un toit sombre et plat d'une surface de 100 mètres carrés équivalait à éliminer 10 tonnes de CO_2 de l'atmosphère terrestre », celles-ci ont été largement recouvertes de peintures claires et réfléchissantes.

C'est aux États-Unis que la première expérience de ce genre a été tentée : en 2012, la Mairie de New York a décidé, pour réduire de 2 °C sa température urbaine, de repeindre en blanc les toits noirs des immeubles de la ville, qui étaient couverts d'une couche d'asphalte. L'opération a été un succès qui a inspiré d'autres municipalités : trois ans plus tard, en 2015, c'est la capitale de la Corée du Sud, Séoul, qui s'est à son tour lancée, à grande échelle, dans une entreprise similaire, avec là aussi des résultats plus que probants. Dans les années qui ont suivi, de très nombreuses métropoles leur ont dès lors emboîté le pas : c'est ce qui explique pourquoi aujourd'hui les toits de nos villes, vus du ciel, sont souvent d'un blanc étincelant !

Nombre de nos rues ont été également « repeintes », comme l'avaient été celles de Los Angeles dès 2017. Aujourd'hui, elles sont presque toutes enduites d'un revêtement spécial, lui aussi très réfléchissant. Et lorsque de nouvelles artères doivent être construites ou rénovées, les municipalités françaises optent systématiquement, comme l'avait fait la ville de Lyon dans les années 2010, pour le remplacement du goudron, terriblement calorifère, par un béton désactivé presque blanc, qui renvoie la chaleur solaire, plutôt que de la stocker.

La circulation automobile contribuait pour beaucoup à la constitution des îlots de chaleur urbains. Mais depuis dix ans, fort heureusement, à l'exception de celles des services publics, départementaux et municipaux, les voitures ont presque complètement disparu de la plupart de nos villes. Quelques-unes, toutes électriques ou hybrides, circulent encore. Mais elles transportent toujours plusieurs passagers, car leurs propriétaires pratiquent, nous y reviendrons, l'autopartage et le covoiturage.

Dans les airs

Les transports en commun se sont beaucoup améliorés et développés. Plus aucun autobus ne roule à l'énergie fossile – ils sont tous électriques –, et les premières générations de tramways apparues à la toute fin du XXe siècle ont été remplacées par de nouvelles rames, à induction, beaucoup plus respectueuses de l'environnement. Surtout, nous nous déplaçons désormais dans les airs, depuis que Paris, déjà désengorgé par l'achèvement du Grand Paris Express, s'est finalement équipé, pour compléter son offre de transports en commun – et avec un peu de retard sur certaines métropoles étrangères qui avaient fait ce choix dix ans plus tôt –, d'un tramway aérien, électrique également, et qui par conséquent ne dégage que très peu de chaleur. (Deux autres lignes ont ensuite été inaugurées dans les années 2040 : ce sont celles qui desservent aujourd'hui les aéroports de la capitale.) Par la suite, d'autres villes françaises, comme Bordeaux et Toulouse, séduites par ce moyen de transport dix fois moins coûteux qu'un tramway classique, ont suivi, et nous sommes aujourd'hui des dizaines de milliers à emprunter chaque jour, pour nos déplacements, l'une de ces capsules suspendues à 10 mètres au-dessus du sol, dont l'impact environnemental est à peu près nul.

Le traditionnel téléphérique a quant à lui quitté ses montagnes pour s'installer en ville. Dès 2016, Brest s'est offert le sien pour transporter quelque 1 200 passagers par heure à 70 mètres de hauteur. En région parisienne, dans le Val-de-Marne, c'est le Téléval qui aujourd'hui relie Créteil à Villeneuve-Saint-Georges en dix-sept minutes seulement, contre quarante minutes autrefois en bus. Ailleurs, dans les villes dont certains quartiers sont escarpés, comme Grenoble, Lyon et Marseille, ce sont des télécabines qui ont été construites – sur le modèle du Métrocâble dont la ville de Medellín, en Colombie, pionnière en la matière, s'était équipée dès 2004.

Humidifier

Dans nos villes, désormais, les étés sont véritablement caniculaires. À Paris, il existe depuis le XIXe siècle un réseau souterrain d'eau non potable utilisé pour l'arrosage des parcs et jardins, et le nettoyage des chaussées et des trottoirs. Quand la chaleur devient accablante, on rafraîchit aujourd'hui la ville en arrosant la chaussée avec cette eau, selon un procédé qui avait pour la première fois été testé dans deux quartiers de la capitale durant le brûlant été 2017, et qui avait remporté un franc succès auprès des habitants en leur apportant un véritable soulagement. Cela s'était révélé particulièrement efficace – puisque dans les rues arrosées par des voiturettes de nettoyage de la mairie, la température en fin de journée avait parfois baissé de 15 °C de plus que dans celles qui n'avaient pas été traitées. Raison pour laquelle cette méthode particulièrement avantageuse, qui ne consomme que l'équivalent d'une demi-douche par habitant et qui permet de surcroît de laver une partie des dépôts laissés au sol par la pollution atmosphérique, est aujourd'hui d'un usage courant dans la plupart des villes de France et du monde.

Dans certaines régions, cependant – et par une espèce de paradoxe, puisque nous vivons une époque marquée principalement par des sécheresses devenues parfois presque permanentes –, le souci des pouvoirs publics n'est pas seulement d'humidifier les zones urbaines, mais de les protéger, de surcroît, contre cet autre péril potentiellement mortel pour leurs habitants : les inondations consécutives aux précipitations diluviennes qui se sont elles aussi multipliées avec le dérèglement climatique.

Dans la zone méditerranéenne, en particulier, où ces pluies torrentielles ont provoqué, depuis les inondations de Nîmes en 1986, les ravages que l'on sait, il a fallu revenir sur des décennies d'une urbanisation où les revêtements des rues, surimperméabilisés, empêchaient toute absorption des eaux tombées du ciel. Dans de nombreux villages, le bitume qui recouvrait les parkings en plein air a ainsi été retiré, pour laisser place à un sol de terre, au fort pouvoir absorbant. Et dans beaucoup de villes, les municipalités, inspirées par une expérience menée à Lyon à la fin des années 2010, ont mis à profit la diminution spectaculaire du nombre de voitures pour réduire, sur leurs artères les plus importantes – avenues et boulevards –, le nombre de voies ouvertes à la circulation automobile : le goudron a, là encore, été retiré des espaces ainsi libérés, et remplacé par des jardins urbains plantés d'espèces vivaces et de graminées, qui recueillent les eaux de pluie et qui contribuent, lorsque le temps passe de l'orage à la canicule, à l'atténuation des îlots de chaleur urbains.

Se loger

Les terribles sécheresses qui se sont multipliées avec le dérèglement climatique ont été, pendant plusieurs décennies, d'un effet ravageur sur nos habitations, aussi bien dans les zones urbaines que dans les campagnes.

Consolider et réparer

Il a donc fallu consolider et réparer le bâti ancien, car le patrimoine architectural et historique de nos villes était, par exemple, très directement menacé.

De la Sainte-Chapelle aux immeubles et hôtels particuliers de l'île Saint-Louis en passant par les larges avenues du baron Haussmann, c'est tout le cœur historique de Paris, classé au Patrimoine mondial de l'humanité, qui était mis en péril par le réchauffement, et en particulier par les pluies acides chargées en dioxyde de carbone. Car le CO_2 contenu dans ces précipitations attaque et ronge le matériau qui avait été utilisé pour construire la plupart de ces bâtiments : le calcaire. Dans les années 2020, l'érosion de leurs façades, dont nous pouvions alors constater qu'elles se décoloraient en effet plus rapidement qu'auparavant, s'est dangereusement accélérée – conformément au pronostic formulé quelques années plus tôt par les chercheurs qui avaient cartographié et modélisé l'ensemble des dommages potentiels menaçant les façades du centre de la capitale, et qui avaient aussi prévu que la récession du calcaire, après avoir fortement diminué au cours du XXe siècle, risquait de s'intensifier.

Les vitraux et les statues, également, étaient attaqués par cette acidité. Heureusement, des solutions respectueuses de l'environnement ont été trouvées, qui ont permis de protéger ce patrimoine, en même temps que des solutions plus globales étaient mises en œuvre pour réduire le réchauffement, et donc les pluies acides. Ainsi, des chercheurs ont mis au point un mortier biologique principalement constitué de milliards de bactéries qui, injectées dans les fissures des supports à réparer, deviennent, lorsqu'on cesse de les nourrir, aussi dures et durables que de la pierre !

À la campagne, le sol argileux, omniprésent dans certains départements français comme le Loiret et l'Indre-et-Loire, se rétractait fortement sous l'effet de l'évaporation due à la sécheresse. Cela provoquait des mouvements de terrains qui fissuraient les murs des bâtiments – et l'indemnisation des propriétaires coûtait à l'État (et aux assureurs) de véritables fortunes.

C'est la raison pour laquelle dans les régions argileuses ont été imposées de nouvelles règles de construction qui obligent les architectes à prévoir, pour chaque nouveau bâtiment, des fondations plus profondes…

Le béton vert

Plus largement, notre habitat a beaucoup évolué depuis trente ans. Il a même été complètement révolutionné.

Par obligation, car ce secteur était l'un de ceux qui jusqu'alors impactaient le plus le climat. Les immeubles construits dans la deuxième moitié du XXe siècle et au début des années 2000, à l'époque où la préoccupation environnementale n'était pas encore suffisamment prise en compte dans leur conception, généraient ainsi dans les pays développés près de 40 % des émissions de CO_2. On leur devait aussi 37 % de la consommation d'énergie et la moitié des déchets produits par les sociétés dites avancées. Insoutenable !

Il a donc fallu se défaire, là comme ailleurs, d'habitudes anciennes, pour réinventer complètement de nouvelles manières de construire. D'abord, renoncer à privilégier le béton et le ciment. Car le premier était responsable, à lui seul, de 5 % des dégagements de CO_2. Et le second générait, en France, quelque 20 millions de tonnes de déchets par an, dont le traitement contribuait pour beaucoup à la dégradation globale de l'environnement.

Grâce à un procédé inventé en 2018 par une PME française, le béton « classique » qui est encore employé aujourd'hui pour la confection de nouveaux immeubles provient de bâtiments anciens : il a été récupéré après leur démolition, puis entièrement recyclé. D'autre part, le recours à un béton d'origine végétale et trois fois plus isolant, utilisé pour la première fois en 2018 dans la construction de 46 logements, s'est largement banalisé : c'est le « béton de miscanthus » – du nom d'une plante originaire d'Asie, non invasive et dont la culture, parce qu'elle ne nécessite ni engrais ni irrigation, s'adapte parfaitement aux parcelles dégradées et polluées des zones urbaines, et n'empiète donc pas sur les terres dédiées à l'agriculture traditionnelle.

Mais beaucoup d'autres matériaux, nouveaux pour la plupart et parfois très étonnants, sont désormais d'un usage courant.

À commencer par le bois, bien sûr – dont les qualités isolantes sont très nettement supérieures à celles du béton. Issu de forêts gérées durablement, il présente l'immense avantage de stocker du carbone. Il absorbe même une partie de celui que produit la circulation automobile, et contribue donc de manière très significative à la réduction des émissions de CO_2. Longtemps, son utilisation est restée limitée, car il n'était pas assez solide pour la construction d'immeubles d'une trop grande hauteur. Mais depuis qu'un jeune architecte français a breveté un procédé permettant de le rigidifier par des injections de très fines couches de matière plastique non polluante, des tours en bois de plus de trente étages d'une solidité à toute épreuve ont été érigées – dont l'empreinte écologique est presque nulle et qui ont, comme on sait, complètement modifié la physionomie de certains quartiers de Paris.

Mais d'autres matériaux sont beaucoup plus surprenants.

Carton, papier et champignons

Par exemple, on construit aujourd'hui, partout en France, et de façon courante, des maisons individuelles d'une surface moyenne de 90 mètres carrés, idéales donc pour un foyer de quatre personnes, que rien ne différencie *a priori* des autres bâtisses du même type, à ceci près qu'elles ne coûtent que 60 000 euros. Et pour cause : elles sont en carton !

Il a bien sûr fallu user d'un peu de pédagogie, lorsque les premières « maisons en carton » ont été construites, à la toute fin des années 2030, pour convaincre leurs acheteurs que ce matériau pour le moins inattendu était tout aussi fiable – mais beaucoup plus écologique – que ceux, plus traditionnels, qui étaient auparavant utilisés dans le bâtiment. Qu'il était, surtout, bien moins fragile qu'on ne le supposait et qu'il permettait en hiver, parce qu'il retient parfaitement la chaleur, de très considérables économies d'énergie – à condition, évidemment, d'être convenablement traité : compacté, ignifugé, imperméabilisé.

Mais depuis, il a fait ses preuves. De sorte que tous les jours, et dans tout le pays, de nouveaux pavillons de carton sortent désormais de terre.

Ailleurs, ce sont des maisons en papier qui se sont imposées. Plus précisément, il s'agit de maisons faites de briques composées pour l'essentiel de cellulose issue de papier recyclé, additionnée d'un peu de ciment. Ces blocks – c'est le nom que ses deux inventeurs américains ont donné à ce matériau – sont imperméables à l'eau, résistants au feu, et permettent une excellente isolation thermique et acoustique. Leur usage, expérimenté au début des années 2020, s'est imposé depuis. Qui l'aurait imaginé il y a trente ans ?

De la même façon, nous ne nous étonnons plus guère de ce que certains bâtiments hauts de plusieurs étages soient constitués de briques de… champignons, cultivés durablement, dont le mycélium – la partie végétale – a été mélangé à un agglomérat de feuilles de maïs et de divers autres résidus issus de l'agriculture. Une fois compacté, cet amalgame donne un matériau d'une solidité à toute épreuve, entièrement écologique et biodégradable, et dont le prix de revient reste modeste, puisque chaque brique coûte quelques euros seulement.

Mais il y a plus économique encore. Quelques maisons en paille – appelées « maisons Feuillette », d'après le joli nom de leur inventeur – avaient déjà été construites, en France et en Italie, dans les dernières années du XXe siècle, par des particuliers en quête d'alternatives écologiques. Mais ces pionniers avaient dû les bâtir seuls, car les entreprises du secteur n'avaient pas encore pris la mesure exacte du formidable potentiel de ce matériau. Les murs de bottes de paille, une fois enduits de terre ou de chaux, présentent d'exceptionnelles qualités isolantes. Et qu'il est possible de bâtir, pour 130 000 euros seulement, une maison Feuillette de plus de 170 m^2...

Le plus qui change tout

La plupart des habitations construites depuis 2030 sont des bâtiments à énergie positive (Bepos) – c'est-à-dire qu'ils ont été conçus et bâtis pour produire plus d'énergie qu'ils n'en consomment pour fonctionner. Cela suppose bien sûr que leurs habitants jouent le jeu, en adoptant au quotidien des habitudes écoresponsables, et en se montrant économes : ils y sont évidemment aidés par le fait qu'avec le réchauffement climatique le nombre de jours pendant lesquels nous devons chauffer nos intérieurs a très considérablement diminué depuis le début du siècle.

Qu'il s'agisse de maisons individuelles ou d'immeubles collectifs, beaucoup sont équipés de pompes à chaleur qui permettent, via des capteurs, de puiser, parfois jusqu'à plusieurs centaines de mètres, les calories naturellement présentes dans leur sous-sol – ou dans des nappes phréatiques –, et qui sont ensuite transformées en énergie. En 2020, deux millions de foyers français s'étaient ainsi convertis à la géothermie : on en compte aujourd'hui près de dix millions.

D'autres bâtiments fonctionnent plutôt à l'énergie solaire : ils sont équipés de capteurs photovoltaïques dont le coût, jadis prohibitif en dépit des aides gouvernementales, avait déjà été divisé par cent entre la fin du XXe siècle et le début des années 2000 et n'a depuis cessé de décroître, en même temps que les matériaux se faisaient de plus en plus performants.

Et pour les particuliers qui se sont équipés de panneaux photovoltaïques ou d'éoliennes pour leur consommation personnelle, le problème du stockage de l'énergie produite est aujourd'hui résolu : les batteries usagées des voitures électriques, reconditionnées pour un coût modeste, s'offrent, comme nous le verrons, une seconde vie dans nos maisons et nos immeubles, où elles emmagasinent l'électricité fournie par le vent ou le soleil avant de la restituer à la demande.

Une clim plus clean

La hausse des températures, devenues caniculaires dans de nombreuses régions pendant la période estivale, fait qu'il nous est devenu complètement impossible de nous passer, dans nos logements comme sur nos lieux de travail, d'une climatisation. Cela a entraîné, depuis trente ans, une hausse de plus de 200 % de la quantité d'énergie que nous consommons ainsi pour nous protéger principalement des fortes chaleurs. Il a donc fallu, là aussi, innover et se tourner vers de nouvelles techniques, encore complètement inconnues au début du siècle.

Comme la réfrigération magnétique, où un simple alliage de métaux change de température lorsqu'il est soumis à un champ magnétique, et qui n'émet aucun gaz à effet de serre : elle est aujourd'hui d'un usage courant, non seulement dans notre habitat, mais dans nos voitures – et nos réfrigérateurs !

Le rafraîchissement par évaporation, appelé aussi « rafraîchissement adiabatique », est quant à lui plus simple encore, puisqu'il ne nécessite qu'un ventilateur et de l'eau, dont l'évaporation suffit à faire baisser de plusieurs degrés la température d'un logement. Outre qu'il ne rejette, lui non plus, aucun des gaz à effet de serre que produisaient nos anciens climatiseurs, ce système consomme dix fois moins d'électricité que les anciens systèmes de refroidissement !

Mais le mieux, évidemment, serait que nous arrivions, malgré le réchauffement, à nous passer complètement de climatisation – car en dépit du fait que cette dernière a été considérablement améliorée, nous continuons à consommer trop d'énergie pour le rafraîchissement de nos intérieurs professionnels et particuliers.

C'est pourquoi, depuis vingt ans, les architectes s'attachent par exemple, lorsqu'ils conçoivent de nouveaux immeubles, à tenir compte de la circulation du vent en milieu urbain : cela permet d'orienter et de dimensionner ces bâtiments – ainsi que les fenêtres et les portes dont ils sont équipés – de façon à tirer le profit maximum, pour leur climatisation, des vents dominants.

Autre procédé naturel de plus en plus utilisé : la tour à vent – une invention ancestrale des Perses, qui l'appellent « *bâdgir* ». Le principe est simple : cette tour creuse, dont le sommet est ouvert au vent, domine les bâtiments environnants. L'air frais s'engouffre dans le conduit par le haut, et descend. L'air chaud au niveau du sol est alors aspiré, extrait et évacué. Efficace – sans une once de consommation énergétique !

De la même façon, la végétalisation des bâtiments, telle qu'elle est menée aujourd'hui de façon presque systématique, ne permet pas seulement de réduire, comme on l'a vu, les îlots de chaleur urbains et d'améliorer la qualité de l'air dans les villes : une toiture végétalisée entraîne, sans recourir à la climatisation, une diminution de 40 % des variations de température – et atténue ainsi le réchauffement estival d'un immeuble. La chaleur maximale d'un mur « vert » – recouvert par exemple de simples plantes grimpantes – est de 30 °C, contre 60 °C pour un mur dépourvu de végétation…

L'ÉNERGIE RENOUVELÉE

Tout comme nous avons, ainsi que nous le verrons, enfin rationalisé notre consommation d'eau, nous avons aussi appris au cours des dernières décennies à ne plus gaspiller l'électricité.

Chasse au gaspi

Désormais, nos logements et nos équipements collectifs sont tous pourvus d'un éclairage à basse tension qui consomme peu d'énergie, et d'ampoules connectées. Ils sont également munis d'interrupteurs intelligents, dans lesquels sont intégrés des détecteurs de mouvement qui éteignent automatiquement la lumière quand nous quittons une pièce, et la rallument au besoin lorsque nous y revenons. Cela n'a l'air de rien pour nous qui y sommes aujourd'hui tellement habitués, mais ces dispositifs ont permis de phénoménales économies d'énergie.

De même, il ne nous viendrait plus à l'idée aujourd'hui de laisser en veille nos appareils électriques – ordinateurs, télévisions et gros électroménager – lorsque nous ne les utilisons pas, comme nous le faisions si couramment il y a à peine trente ans. Et là encore, cela représente de très conséquentes économies.

Puis enfin, nous avons appris à mieux utiliser, dans nos intérieurs, la lumière du jour. En choisissant pour nos murs et nos sols des revêtements de couleur claire, qui la réfléchissent mieux. Et en recourant aussi, pour éclairer les recoins les moins ensoleillés de nos appartements et de nos maisons, à des jeux de miroirs. Grâce à ces divers aménagements, nous consommons évidemment beaucoup moins d'électricité qu'au début du siècle.

Comment cette énergie est-elle produite ? C'est en 2027, finalement (et non en 2022, comme cela avait d'abord été promis par le gouvernement), que la toute dernière centrale française fonctionnant au charbon, qui assurait une grande partie de l'alimentation en électricité de la Bretagne, a définitivement fermé, après la mise en marche de l'EPR de Flamanville. Il était temps, car cette structure rejetait chaque année dans l'atmosphère autant de CO_2 que l'équivalent d'un million de voitures. Pour une part non négligeable, notre électricité est produite depuis par des parcs d'hydroliennes, des barrages ou des panneaux solaires. Mais pour l'essentiel, elle nous est fournie par des centrales nucléaires. Car c'est ce dernier choix qui, pour insécurisant qu'il soit, s'est finalement imposé, non sans de vifs débats au mitan des années 2020.

Le vent tourne

Certains d'entre vous se le rappellent peut-être : le développement de l'énergie éolienne terrestre avait suscité au début du siècle d'assez vives controverses. Sur le papier, cette nouveauté avait tout pour séduire, puisqu'il s'agit, on le sait, d'une énergie propre et infiniment renouvelable, qui de surcroît ne présente *a priori* aucun danger sanitaire pour les humains.

Mais très vite, les riverains des parcs d'éoliennes, soutenus par des associations de défense des animaux et de l'environnement, avaient multiplié, non sans quelques solides arguments, les protestations contre les nuisances, aussi bien esthétiques que sonores, provoquées par ces bruyants et imposants équipements. Selon leurs détracteurs, ils défiguraient les paysages dans lesquels ils étaient implantés, tuant de surcroît de nombreux oiseaux.

Ces polémiques et les multiples procédures engagées à l'époque contre l'implantation de nouveaux parcs avaient eu pour effet concret, il y a une trentaine d'années, de provoquer une diminution spectaculaire du nombre d'éoliennes construites en France.

Puis finalement, en 2017, le Conseil d'État, la plus haute juridiction administrative du pays, avait abrogé le décret qui déléguait aux préfets régionaux la responsabilité de délivrer les permis autorisant la construction de nouveaux systèmes d'éoliennes. Cette décision a porté un coup fatal à la production de cette énergie : dans le cours de l'année suivante, en 2018 donc, il s'est construit seulement 103 de ces parcs – soit 22 % de moins que l'année précédente. Depuis, la France, n'a jamais rattrapé ce retard.

De la même façon, en dépit du fait qu'elle possède le deuxième plus vaste espace maritime du monde – 11 millions de kilomètres carrés –, et plusieurs milliers de kilomètres de côtes littorales, elle n'a jamais véritablement investi dans l'éolien maritime.

Notre pays bénéficiait pourtant, selon le Syndicat des énergies renouvelables, « d'atouts particulièrement forts », et notamment d'un « potentiel de développement des énergies marines parmi les plus importants d'Europe », ainsi que d'une « expertise en matière énergétique et maritime reconnue dans le monde entier ».

En 2020, pourtant, aucun parc éolien n'avait été construit au large des côtes françaises. Car cette option, brièvement envisagée au début des années 2010 – cela s'était concrétisé par le lancement d'appels d'offres pour la construction de deux ensembles –, avait finalement été abandonnée. De sorte que nous avons accumulé un retard important dans le développement de cette énergie. C'est regrettable, car elle est évidemment l'une des plus propices à la lutte contre le réchauffement climatique. Mais les pouvoirs publics semblent enfin s'être décidés, depuis quelques années, à rattraper le temps perdu.

Des courants (et du soleil) pour le courant

La France, pour combler une partie de ses besoins en électricité, a en revanche beaucoup misé, assez tôt, sur une autre énergie naturelle, propre et elle aussi renouvelable à l'infini : l'hydrolien. Le principe est presque exactement le même que celui de l'éolien – certaines hydroliennes ressemblent d'ailleurs à des éoliennes –, à ceci près que c'est la force cinétique des courants marins, inépuisable et régulière, qui est exploitée. Et non celle, beaucoup plus aléatoire, du vent.

Au cours des trente dernières années, plusieurs centrales hydroliennes ont été implantées au large des côtes du nord-ouest de la France, entre Bretagne et Cotentin, dans une zone où les courants marins sont particulièrement puissants et réguliers. La construction de ces turbines sous-marines extrêmement coûteuses – mais, à terme, très rentables –, déposées sur les fonds de la Manche et de la mer du Nord, a représenté une véritable prouesse budgétaire et technique. Cet investissement n'a cependant pas été vain, puisqu'elles fournissent aujourd'hui 2,5 gigawatts : l'équivalent de la production de deux centrales nucléaires !

La France a également investi depuis trois décennies dans le développement de l'hydroélectricité, produite à partir de barrages. Dans les années 2010, le parc hydroélectrique français, dont la production représentait à l'époque 12 % de l'électricité produite dans le pays, était le deuxième plus important d'Europe – derrière celui de la Norvège. C'est à ce moment-là que le gouvernement a décidé, dans le cadre de la Convention pour le développement d'une hydroélectricité durable signée en 2010, d'augmenter de 50 % la capacité de production hydroélectrique du pays, en la hissant de 500 à 750 mégawatts. Cela nécessitait de redynamiser cette filière : c'est la raison pour laquelle un premier appel d'offres pour le développement de petites – ou très petites – unités de production a été lancé dès 2016. Objectif : favoriser, d'une part, la construction de nouvelles installations et, d'autre part, l'équipement de barrages qui existaient déjà mais ne produisaient pas d'électricité. Il était notamment prévu de transformer d'anciens moulins. Et cette initiative a été un succès, puisque dix-neuf projets ont été sélectionnés et subventionnés – dont quatre portaient précisément sur la remise en service d'anciens moulins –, qui ont produit, après leur mise en service, un total de 27 mégawatts. Depuis, de nombreux autres chantiers similaires ont suivi, de sorte qu'aujourd'hui l'hydroélectricité produit elle aussi près de 2,5 gigawatts – l'équivalent, comme pour l'hydrolien, de deux centrales nucléaires.

Par ailleurs, à partir des années 2010 la France a également beaucoup développé son parc photovoltaïque, ou solaire. Sa puissance était, en 2015, de 6,5 gigawatts : huit ans plus tard, en 2023, elle avait été multipliée par trois, et atteignait 20 gigawatts. Et depuis, elle n'a cessé d'augmenter. Il est vrai que les capteurs photovoltaïques sont désormais partout. Les routes solaires, notamment, se sont multipliées, sur le modèle de la toute première du genre, longue de 1 km, qui avait été inaugurée en Normandie au mois de décembre 2016 : cette chaussée recouverte de milliers de petits panneaux photovoltaïques permettait d'alimenter en électricité une ville de 5 000 habitants. Sa construction s'était avérée onéreuse, puisqu'elle avait coûté dix-sept fois plus cher que celle d'une centrale photovoltaïque, mais dans les années qui ont suivi, ce coût a d'abord été divisé par trois, puis encore ajusté, et ces routes se sont exportées dans le monde entier, jusqu'en Corée.

L'atome s'accroche

Mais voici, puisqu'il faut en venir à ce qui a longtemps été – et reste encore, quoique dans une moindre proportion – un sujet qui fâche, l'élément déterminant qui explique pourquoi la France, par-delà ses efforts, bien réels, en faveur du développement de l'électricité hydrolienne et solaire, ne s'est finalement jamais complètement convertie aux énergies vertes pour lutter contre le dérèglement climatique : notre pays, dont le parc atomique, avec cinquante-huit réacteurs, était déjà au début du siècle le deuxième plus important du monde après celui des États-Unis d'Amérique, a fait, comme beaucoup d'autres dans les années 2020, et en complète contradiction avec certains des engagements qu'il avait pris précédemment (comme celui de passer de 75 à 50 % d'électricité d'origine atomique, et de fermer plusieurs centrales), le choix du maintien et de l'extension de son parc nucléaire.

Car au mois d'octobre 2018, le GIEC, constatant que le climat se dégradait à une vitesse devenue extrêmement alarmante, avait considéré, dans un rapport spécial consacré à la perspective d'un « réchauffement de la planète de 1,5 °C » qui avait fait couler beaucoup d'encre, que la solution nucléaire était celle qui permettrait le plus rapidement d'atteindre cet objectif. Tout en rappelant certains des dangers inhérents au développement de l'atome, comme ses possibles « effets environnementaux négatifs », les auteurs de ce document envisageaient plusieurs scénarios, qui prévoyaient pour la plupart une hausse significative – voire spectaculaire – de la part du nucléaire dans la production d'énergie à l'échelle de la planète : l'une de ces hypothèses postulait même qu'elle aurait augmenté de 501 % en 2050 – ce qui n'a tout de même pas été le cas, même si les capacités atomiques mondiales ont effectivement été considérablement accrues depuis vingt ans.

Entre deux maux, donc (d'une part le nucléaire, dont chacun savait pourtant l'extrême dangerosité depuis les accidents de Tchernobyl en 1986 puis de Fukushima en 2011, et d'autre part le dérèglement climatique devenu catastrophique), le GIEC avait choisi, au nom de la nécessité de lutter contre le réchauffement, celui qui lui semblait alors être le moindre, puisque, en effet, les centrales atomiques ne rejettent que très peu de CO_2 dans l'atmosphère.

La France, comme beaucoup d'autres pays dans le monde, s'est alors engouffrée dans la brèche. Au mois de janvier 2019, le ministre français de la Transition écologique et solidaire de l'époque avait d'ailleurs prévenu : « Pour relever le défi de l'énergie et du climat, dans le cadre d'une baisse drastique des émissions des gaz à effet de serre, le nucléaire peut jouer un rôle en France, et sans doute en Europe et dans le monde, puisqu'il présente une production totalement décarbonée », avait-il déclaré. Au grand dam des adversaires de l'atome, qui considéraient quant à eux qu'en sus de sa dangerosité, l'énergie nucléaire représentait en réalité un obstacle à la transition vers des énergies « zéro carbone ». Et qui alertaient sur le grave problème de la gestion des déchets nucléaires, pour laquelle la France était, à l'époque, tragiquement sous-équipée.

Mais ces protestations sont restées vaines, car l'urgence absolue était de contenir le réchauffement climatique sous un seuil fatidique.

Ainsi, l'EPR de Flamanville, un réacteur de nouvelle génération, beaucoup plus fiable, selon ses concepteurs, que les précédents (et le troisième de cette centrale de la Manche), dont la construction avait provoqué la fureur des défenseurs de l'environnement, a finalement été inauguré en 2022, avec quelques années de retard sur la date initialement prévue. Et si plusieurs réacteurs, décidément trop vétustes, ont effectivement été fermés dans les années qui ont suivi, ils ont été systématiquement remplacés par de nouveaux modèles. Des unités parfois plus petites : les SMR (Small Modular Reactors). Ces centrales produisent dix fois moins d'énergie qu'un EPR mais sont plus économiques à construire, car elles sont fabriquées en usine et non sur site. En toute sécurité, toujours selon leurs concepteurs…

Enfin, et après plus de quarante années d'études, le réacteur de quatrième génération va prendre la relève de l'EPR en ce milieu de XXIe siècle. Cette nouvelle génération utilise la technologie du sodium à neutrons rapides et permet de recycler l'uranium appauvri autrefois stocké après emploi : le modèle nucléaire devient, dès lors, circulaire. Ces nouvelles installations sont infiniment plus sûres que celles qui ont été démantelées, affirment les autorités en charge du nucléaire, qui assurent avoir très considérablement relevé, jusque dans le traitement des déchets, le seuil de leurs exigences en matière de sécurité et de contrôle. Et les pouvoirs publics jurent, bien entendu, que ces nouvelles centrales sont gérées en toute transparence. Les associations écologistes, aujourd'hui comme hier, sont d'un avis un peu différent : cela, du moins, n'a pas changé.

En route !

Ce week-end de mai 2050 s'annonce largement ensoleillé et très doux. Les automobilistes sont donc nombreux à prendre la route ce vendredi soir pour profiter de cette fin de semaine estivale au bord de la mer, ou à la campagne – au vert, en tout cas !

Et forcément, il y a du monde à l'e-station. L'attente est courte malgré tout, car les postes de recharge rapide sont nombreux. En moins de six minutes, le plein de watts de la voiture est fait ! La charge électrique sera largement suffisante pour parcourir les 250 kilomètres restants pour arriver à destination. Sans s'arrêter d'ailleurs, puisque le véhicule est autonome – et épargne ainsi à ses occupants la fatigue de la conduite à l'ancienne, qui nécessitait une pause toutes les deux heures. Le trajet sera finalement reposant, et sans doute même divertissant, car la voiture est, bien entendu, connectée.

Cette autonomie totale des automobiles est très récente, même si cette technologie est testée depuis plus de quarante ans (rappelons-nous que les premières Google Cars ont été expérimentées dès 2009), car les obstacles qui se sont dressés sur la route du véhicule autonome ont été nombreux.

Les systèmes embarqués, entièrement fondés sur l'intelligence artificielle, permettent à la voiture de 2050 de s'orienter seule et d'interagir avec l'environnement pour adapter sa conduite sans intervention humaine : il a donc fallu prendre le temps de développer des véhicules parfaitement fiables et sûrs.

De façon plus inattendue, les freins à ce développement ont aussi été juridiques, car il a fallu mettre au point des processus de certification et adapter le code de la route. Surtout, il a été nécessaire de régler le problème épineux de la responsabilité en cas d'accident. À qui incombe-t-elle ? Au « conducteur » qui n'en est plus un ? Au constructeur ? À l'éditeur des logiciels qui équipent et dirigent la voiture ? Les juristes et les assureurs ont dû déminer le terrain…

L'impératif économique a également ralenti la mise en service des véhicules autonomes, car leur coût est élevé. D'autant que, dans les premiers temps au moins, la perspective de devoir renoncer au sacro-saint plaisir de la conduite, si prégnant dans notre pays de longue tradition automobile, a dissuadé nombres d'acheteurs…

Au milieu du XXe siècle, beaucoup imaginaient que la voiture de l'an 2000 volerait. Un siècle plus tard, ce n'est toujours pas le cas, sauf pour quelques conducteurs pilotes fortunés. Surtout, et cela nul ne pouvait véritablement le prévoir il y a cent ans : le climat s'est anormalement réchauffé. De sorte qu'aujourd'hui la priorité n'est plus à la performance, à la rapidité ou au ronronnement des pistons et autres soupapes, mais à la propreté environnementale, qui est prise en compte dans la conception et la fabrication de nos véhicules mais aussi, bien sûr, dans l'usage que nous en faisons, et dans leur recyclage.

En France, les transports étaient responsables d'un tiers des émissions de CO_2, et l'automobile à elle seule, de plus de la moitié de cette part. De plus, les moteurs thermiques de l'époque diffusaient, dans les grandes villes et leurs périphéries, des polluants atmosphériques comme les très nocives particules fines. Progressivement, dès la fin des années 2010 et jusqu'en 2030, les restrictions de circulation des véhicules Diesel et essence se sont donc étendues.

La fin de la commercialisation des moteurs thermiques est intervenue il y a tout juste dix ans. Compte tenu de la durée de vie d'une automobile, qui est en moyenne d'une douzaine d'années, celles qui « fument » sur la route sont aujourd'hui de plus en plus rares. Restent en circulation les modèles bichonnés par leurs propriétaires et les véhicules de collection. Des exceptions. Et pour faire le plein, il faut s'armer de courage : les pompes de sans plomb ne se trouvent plus à chaque coin de rue !

Le volt l'emporte

La voiture électrique s'est donc finalement imposée, après quelques errements et quelques tâtonnements. Jusqu'au milieu des années 2020, son manque d'autonomie, sa durée de charge trop longue, mais aussi son prix jugé trop élevé ont été autant de freins à sa commercialisation – mais ces difficultés ont progressivement été surmontées.

Les batteries lithium-ion ont longtemps dominé le marché, mais elles présentaient de nombreux inconvénients, dont le moindre n'était pas le coût environnemental et humain de l'extraction de ce minerai rare, appelé « l'or blanc du triangle ABC » car il était majoritairement exploité en Argentine, en Bolivie et au Chili. Cette production nécessitait en effet des quantités phénoménales d'eau et rejetait dans la nature de très nombreux polluants. Au surplus, les réserves mondiales étant faibles et la demande de plus en plus forte, les prix de ces batteries, dont les pays asiatiques contrôlaient la technologie et la production, s'étaient envolés. C'est pour ces raisons (et pour préserver notre indépendance) que la chancelière allemande Angela Merkel et le président français Emmanuel Macron avaient conclu en 2018 un premier accord en vue de constituer un « Airbus de la batterie ». Objectif : produire à des prix compétitifs des batteries performantes, dotées d'une longue durée de vie et d'un grand nombre de cycles de recharge, recyclées en fin de vie de manière durable et compatible avec l'environnement, et produites, enfin, dans des conditions de travail équitable. Il s'agissait aussi de maintenir les emplois dans une industrie automobile européenne malmenée par la rapide et nécessaire transition énergétique.

Mais le véritable coup d'accélérateur à la généralisation de la voiture électrique a finalement été donné par les progrès de la batterie sodium-ion et son adoption par de nombreux constructeurs. Cet équipement, dont la capacité de charge est dix fois plus rapide que celle des batteries au lithium-ion, supporte de surcroît plus de 2 000 recharges sans aucune altération : sa durée de vie, de plus de dix ans, est donc très longue. Autre avantage non négligeable, le sodium est largement plus présent que le lithium dans la croûte terrestre – et se trouve bien sûr en quantités presque illimitées dans l'eau de mer sous forme de chlorure de sodium.

Enfin, lorsque ces batteries ne sont plus assez puissantes pour faire fonctionner convenablement nos véhicules, elles conservent néanmoins une capacité énergétique importante. Suffisante en tout cas pour envisager une seconde vie pour ces accumulateurs ! Reconditionnés, ils sont en effet réutilisés pour un usage stationnaire dans nos maisons. Il y a plus de trente ans déjà, la ville d'Issy-les-Moulineaux, dans les Hauts-de-Seine, s'était montrée pionnière en récupérant des batteries usagées de véhicules électriques Renault pour stocker de l'électricité produite par ses panneaux solaires, afin d'utiliser cette énergie de manière différée. Cette seconde vie offre donc une solution pour le stockage des énergies renouvelables d'origine solaire ou éolienne. Et quand ces batteries statiques sont installées chez un particulier, qui s'en sert pour… recharger sa voiture, la boucle est bouclée, dans un très beau cercle vertueux !

Et c'est ainsi que la production en Europe de ce type de batteries, puis la commercialisation de véhicules qui en étaient équipés, ont fini de convaincre les derniers automobilistes qui se montraient encore récalcitrants à l'idée de se convertir au moteur électrique.

L'hydrogène, enfin !

L'usage d'un autre carburant vert s'est très largement banalisé : aujourd'hui, un camion sur cinq et un quart de nos autobus et autocars fonctionnent à l'hydrogène, selon le principe de la pile à combustible.

Mais là encore, la route a été longue et cahoteuse, car les difficultés liées au développement de cette technique ont été nombreuses.

Tout d'abord, le stockage et le transport de l'hydrogène ont posé problème. Car ce gaz, le plus léger de l'Univers – le moins dense –, doit être comprimé à 700 fois la pression atmosphérique !

Il a donc fallu mettre au point des réservoirs suffisamment résistants pour son transport, sa distribution et son utilisation à bord des véhicules en toute sécurité. Le coût onéreux des infrastructures a souvent été financé par des partenariats public-privé.

Deuxième écueil : l'hydrogène n'était pas très propre. Dans un premier temps, lorsqu'il était très majoritairement produit à partir de pétrole et de gaz naturel, il a conservé une empreinte carbone importante, catastrophique pour le climat et l'environnement. Mais aujourd'hui sa production s'effectue en grande partie à partir de l'électrolyse de l'eau : encore balbutiante en 2015, quand les premiers taxis parisiens à hydrogène avaient été mis en service à l'occasion de la COP 21, cette technique s'est ensuite imposée, avec le plan « Hydrogène » lancé en 2018 par Nicolas Hulot, alors ministre de l'Écologie, du Développement durable et de l'Énergie, qui a permis de la développer.

Avant 2020, la France comptait à peine une vingtaine de stations-service à hydrogène : elles étaient 400 en 2030 et leur nombre a doublé aujourd'hui. Et de nouvelles pistes sont explorées : il s'agit désormais de produire ce gaz en utilisant la lumière du soleil – ou des algues, et de minuscules bactéries.

Ce verdissement de l'hydrogène a aussi permis de décarboner le transport ferroviaire. Pour remplacer les vieux trains roulant au diesel en évitant l'électrification coûteuse des lignes secondaires, les premiers trains régionaux (TER) à hydrogène ont été testés en 2022. Puis les motrices des trains de marchandises ont été équipées de cette technologie. Ainsi nos convois ferroviaires, quand ils ne sont pas électriques, fonctionnent aujourd'hui à l'hydrogène, et rejettent… de l'eau : c'est le retour du train à vapeur !

Le chemin de fer a d'ailleurs le vent en poupe. Le réseau s'est adapté : il est désormais relié aux aéroports et aux ports maritimes et fluviaux. Cette stratégie a permis de réduire de moitié le transport routier de fret en ce milieu de siècle. Il était temps…

De la même façon : les canaux et les chemins de halage sont aujourd'hui silencieux, car la plupart des barges et péniches sont à propulsion électrique. Leurs batteries, chargées en électricité d'origine éolienne et solaire, sont installées dans un conteneur de taille standard. Une innovation qui permet aux bateliers d'en changer lors des arrêts aux ports en évitant le long délai de recharge.

Les fleuves sont ainsi redevenus des axes de transport essentiels, pour faciliter la logistique des derniers kilomètres en ville. À Paris naviguent depuis près de trente ans des navettes fluviales équipées d'un système hybride associant motorisation électrique et gaz naturel. Jamais à vide : elles livrent les marchandises à l'aller et évacuent des déchets urbains vers des centres de traitement et de valorisation lors du trajet retour.

À plus grande échelle, le transport maritime s'est également électrifié. Dès 2022, des porte-conteneurs électriques norvégiens ont été mis en service sur de courtes distances, et ont ainsi permis d'éviter les milliers de trajets qui étaient auparavant effectués par des camions. Depuis, cette logistique est prioritaire et permet une réduction considérable des émissions de gaz à effet de serre. Certaines compagnies ont même eu l'audace de mettre à l'eau des bateaux autonomes barrés comme des drones depuis un centre de contrôle – mais face au risque pour l'environnement en cas d'accident et de pollution, l'autonomie a trouvé là quelques limites…

L'électricité a conquis tous les secteurs du transport en ce milieu de siècle – y compris dans les airs. Pour limiter l'empreinte carbone de ses passagers et de sa cargaison, l'avion de 2050 a une structure plus légère et souvent des ailes plus longues que ses ancêtres. Mais, surtout, sa motorisation est aujourd'hui hybride, avec une propulsion électrique utilisable au décollage, ce qui divise par plus de deux sa consommation globale de carburant. Une autre pollution, sonore celle-là, a également été de cette manière très considérablement réduite : le bruit au décollage de ces nouveaux appareils est bien moindre que celui que produisaient les appareils d'antan – pour le plus grand bonheur des riverains des aéroports.

Transports des villes

En ville, la pollution atmosphérique a été circonscrite grâce aux restrictions de circulation et à la disparition totale des véhicules équipés de moteurs thermiques émetteurs de particules fines. Seuls les véhicules « zéro émission » sont autorisés à circuler dans les centres urbains.

Les citadins sont aujourd'hui mieux alertés sur la qualité de l'air, avec des prévisions identiques à celles de la météo qui leur permettent de mieux anticiper leurs déplacements. Un peu partout en ville, du mobilier urbain sert de puits de carbone. À l'intérieur, un réservoir, ou plus précisément un aquarium, peuplé de micro-algues qui captent le CO_2 de l'air comme le feraient une centaine d'arbres grâce à la photosynthèse. Ces micro-organismes présentent également l'avantage de capturer une partie de l'oxyde d'azote produit par les voitures. Ces systèmes, testés dès 2017 sous forme de colonne Morris à Paris, équipent désormais toutes les grandes villes de France.

On partage

Mais la véritable révolution des transports s'est produite dans nos têtes. Progressivement. Nous avons appris à renoncer à l'envie d'être à tout prix propriétaires de nos véhicules : aujourd'hui, nous les partageons.

L'argument économique a bien entendu été très fort : au début du XXe siècle, une voiture roulait moins de 5 % de sa durée de vie. Le reste du temps, elle restait au garage : que de gaspillage ! L'aspect pratique a convaincu également, pour des questions de stationnement et de coût d'entretien. Un véhicule, zéro émission bien sûr, peut être pris et rendu n'importe où dans un périmètre donné, et l'autopartage entre particuliers a permis de rationnaliser l'usage que nous en faisons.

Le covoiturage est devenu un réflexe : des applications dédiées sont systématiquement installées sur les véhicules par les constructeurs, et le partage est proposé au conducteur dès le démarrage. Il y a encore trente ans, le taux d'occupation des voitures de nos parents était à peine supérieur à 1 : il a plus que doublé aujourd'hui, et a permis de réduire d'autant notre empreinte environnementale.

L'eau précieuse

En 2050, en France, faute d'une recharge hivernale suffisante, le niveau des nappes phréatiques a baissé de près d'un quart de son volume par rapport à ce qu'il était au début du siècle.

Car depuis trente ans les périodes de sécheresse se sont multipliées, et la hausse des températures entraîne évidemment une demande plus forte en eau potable, mais aussi et surtout en irrigation. Sans même parler des besoins de l'industrie, toujours importants.

La nappe de la craie champenoise, celles du bassin Adour-Garonne, les aquifères de la vallée du Rhône, la réserve des calcaires jurassiques de Lorraine : toutes affichent des niveaux déficitaires. Et ce manque est encore plus important sur les zones littorales et les régions méridionales frappées par des épisodes de sécheresse plus sévères. Mais nous étions prévenus, et cela aurait pu être pire si des mesures n'avaient pas été prises lorsqu'il était encore temps pour éviter que la situation ne devienne catastrophique.

Rappelons-nous : il y a quarante ans, en 2010, l'Organisation des Nations unies pour l'alimentation et l'agriculture (FAO) avait lancé, après d'autres, un appel urgent à mieux protéger, partout dans le monde, les nappes phréatiques.

Ces immenses réserves aquifères, dans lesquelles nous piochons depuis des millénaires pour notre consommation et pour l'agriculture, sont régulièrement réalimentées – « rechargées » – par les précipitations. Or ce remplissage peut certaines fois prendre jusqu'à plusieurs centaines d'années, en particulier dans les zones les plus arides, où les pluies sont rares.

Ces nappes constituent un inestimable trésor, rappelait la FAO : outre qu'elles représentent la principale source d'eau douce et potable dans les régions dont les habitants souffrent de la faim et de la soif, elles « agissent comme un tampon contre les extrêmes climatiques », et « soutiennent des écosystèmes cruciaux » pour l'équilibre environnemental de la planète. Il était donc vital, selon l'agence onusienne, d'améliorer la gestion de ces eaux souterraines, pour « renverser », avant qu'il ne soit trop tard, une « tendance » qui était alors à leur « dégradation » rapide et à leur « épuisement », sous le triple effet de la pollution, du réchauffement et de leur surexploitation. Malheureusement, cet appel, qui ne s'adressait pas seulement aux gouvernements mais aussi à des « millions d'utilisateurs individuels » insuffisamment conscients de leurs propres gaspillage et négligence, n'avait pas été immédiatement entendu.

L'alerte

Il a fallu attendre la publication par la revue britannique *Nature Climate Change*, au mois de janvier 2019, des résultats d'une recherche menée par des scientifiques de l'université de Cardiff, au pays de Galles, pour qu'enfin le monde prenne pleinement conscience de la gravité de la menace qui pesait sur son approvisionnement en eau. Et de la nécessité d'agir sans délai pour éviter une catastrophe.

Il est vrai que les auteurs de cette étude se montraient explicitement alarmistes. Ils rappelaient en effet que si rien n'était fait pour remédier au péril, une moitié seulement des nappes phréatiques de la planète, surexploitées par l'agriculture et mises à mal par la multiplication des événements météorologiques extrêmes – sécheresses et inondations – liés au dérèglement climatique, serait suffisamment rechargée à la fin du XXIe siècle. Et que l'humanité se trouverait par conséquent exposée à de graves risques de pénuries d'eau. Pour éviter l'explosion de ce que ces savants appelaient « une bombe à retardement », de nombreux pays se sont alors décidés à prendre des mesures concrètes, et parfois drastiques.

En France, la menace était particulièrement grave : le Bureau de recherches géologiques et minières (BRGM) prévoyait, à l'époque, que le niveau des nappes phréatiques, durement impacté par le réchauffement climatique, aurait baissé en 2050 de 10 à 25 %. Dans certains endroits du pays, comme sur le littoral, expliquait le BRGM, le niveau de ces réserves souterraines aurait même diminué de moitié. Et cette projection était d'autant plus effrayante que l'augmentation générale des températures aurait pour autre effet une hausse spectaculaire des besoins de la population en eau potable – pour sa propre consommation, et pour l'irrigation des zones agricoles. Pour prévenir un désastre annoncé, le gouvernement a donc adopté dans les années 2020 la plupart des mesures que préconisait le BRGM.

En favorisant notamment, par des déblaiements, l'infiltration des eaux de surface dans les nappes aquifères. Et en construisant de véritables puits d'accès, destinés à acheminer directement les eaux de pluie vers le sous-sol.

D'autre part, l'État s'est finalement décidé, après de nombreux atermoiements, à interdire aux agriculteurs qui ne s'étaient pas encore convertis au bio le recours à certains herbicides, comme le glyphosate, dont l'usage immodéré contaminait les nappes phréatiques. Enfin et surtout, les autorités ont ordonné, pour la plus grande satisfaction des associations de protection des animaux et de l'environnement qui dénonçaient depuis longtemps leur nocivité, la fermeture des gigantesques élevages qui, en Bretagne principalement, mais aussi dans le centre de la France, polluaient et souillaient les réserves aquifères souterraines, en même temps que l'atmosphère où ils rejetaient des quantités phénoménales de CO_2.

Des cours d'eau à court d'eau

La physionomie de nos cours d'eau a beaucoup changé. La hausse générale de la température a engendré une baisse du nombre de jours de gel en hiver, et des canicules plus sévères en été. La chaleur entraîne une évaporation plus importante de l'eau par le sol et accroît la transpiration des végétaux. Les terrains s'assèchent plus facilement et rapidement. Résultat : quand vient la saison estivale, en ce milieu de siècle, fleuves et rivières semblent être à marée basse.

Pour de nombreux bassins prenant leur source en montagne, la diminution du manteau neigeux a modifié les régimes hydrologiques. Le plus bas niveau des cours d'eau – ce qu'on appelle leur étiage – a très considérablement baissé depuis cinquante ans. Celui du Rhône a chuté de 30 %, et quand l'été arrive les rives de la Durance, de la Saône ou du Doubs sont sèches, et leurs sols craquelés. Les débits aussi se sont considérablement ralentis, de 50 % pour celui de la Garonne par rapport à l'écoulement qui était le sien au début du siècle !

Nos fleuves et nos rivières étant devenus moins rapides et moins profonds, leur température a augmenté. Conséquence directe, la biodiversité de ces milieux est menacée. Sur le bassin de la Garonne, les poissons migrateurs comme les saumons, les anguilles et les esturgeons se raréfient. Les truites ne sont plus très nombreuses. D'autre part, l'eau plus chaude limite la dissolution de l'oxygène et favorise le développement d'éléments toxiques. La qualité de la ressource en pâtit !

L'environnement est également bouleversé. La végétation des berges et les paysages ont déjà beaucoup changé : ménager la résilience des milieux naturels face à cette baisse des niveaux des cours d'eau est l'un des défis que nous devons relever dans la seconde moitié du XXIe siècle.

D'autre part, et plus gravement encore, la baisse des étiages présente un risque de pollution accru. C'est le cas lorsque des orages violents éclatent en été et saturent le réseau d'assainissement, qui déborde en déversant les eaux usées dans les cours d'eau. Avec ce type d'intempéries, le ruissellement des sols urbains pollués vers les rivières est tout aussi néfaste – d'autant que la dilution de ces polluants dans une eau peu profonde à faible débit est longue. Ces risques sont aujourd'hui surtout importants pour la Seine, car la région parisienne se caractérise par un faible débit du fleuve, avec un cœur d'agglomération parmi les plus densément peuplés au monde. En aval de la capitale, la Seine draine ainsi les pollutions de 15 millions d'habitants depuis sa source. C'est dire l'importance du rôle des bassins de rétention qui ont été multipliés en amont pour la réguler !

Prise de conscience

L'effort de préservation et de sauvetage de nos ressources en eau a également été, on se le rappelle, celui de chacun d'entre nous. Cela nous a certes pris un peu de temps, car, là comme ailleurs, nous avons d'abord éprouvé de la difficulté à bien nous rendre compte de la gravité concrète du réchauffement, puis à nous défaire de certaines habitudes, si anciennes. Mais entre 2020 et 2030, nous sommes définitivement devenus, de ce point de vue là tout du moins, des citoyens responsables.

Auparavant, nous utilisions en moyenne, pour notre consommation personnelle, 157 litres d'eau par jour et par personne. Par rapport à ce qui se faisait ailleurs – aux États-Unis, par exemple, où chaque habitant en utilisait quotidiennement 360 litres –, c'était peu. Mais cela restait encore très au-delà des préconisations de la Banque mondiale, qui fixait alors nos besoins individuels en eau à 100 litres par jour. Surtout, ce gaspillage, car c'est bien de cela qu'il s'agissait, était profondément scandaleux, quand plusieurs centaines de millions d'êtres humains souffraient quotidiennement de la soif.

Nous avons donc appris à nous montrer plus économes – à adopter pour de bon ces « petits gestes » dont nous savions depuis longtemps déjà qu'ils étaient bénéfiques pour l'environnement, mais auxquels nous avions malgré tout du mal à nous astreindre : ne plus faire de lessives ou de vaisselles dans des machines à demi-pleines ; ne plus laisser couler l'eau pendant que nous nous brossons les dents ; équiper chaque robinet de nos logements de mousseurs ; prendre des douches plutôt que des bains, qui consommaient trois fois plus d'eau. Depuis cette époque, d'ailleurs, un minuscule détail a changé dans le bâtiment : dans les – désormais mal nommées – salles de bains des appartements construits après 2040, il n'y a plus de baignoire. Et nous ne nous en rendons même plus compte !

De même, nous avons complètement banni de nos cuisines et de nos salles de… douches les détergents et les solvants, dont le rejet, après rinçage, contribuait à la pollution des nappes phréatiques. Grâce, là encore, à des choix budgétaires gouvernementaux qui les ont enfin rendus accessibles à toutes les bourses, nos produits d'entretien et de toilette sont aujourd'hui écologiques, et dûment labellisés.

Paradoxalement, cette économie a engendré quelques problèmes. Parce que le réseau était conçu pour un approvisionnement en eau par personne et par jour nettement supérieur à ce qu'il est aujourd'hui, les conduites, compte tenu de la baisse de notre consommation, doivent être désormais rincées régulièrement pour éviter que l'eau que nous buvons ne soit contaminée par des bactéries. Et bien sûr, cette maintenance nouvelle a un coût. Car le prix des infrastructures et des traitements nécessaires est toujours le même, quel que soit le volume d'eau fourni ! Le coût du mètre cube augmente donc, et cette hausse se trouve répercutée sur la facture du consommateur. Avec une hausse annuelle de 3 à 5 %, le prix de l'eau en 2050 est une charge de plus en plus lourde pour les ménages. Et plus elle augmente, plus on l'économise. Mais plus on l'économise, plus elle augmente : une véritable spirale infernale !

La métamorphose agricole

Peut-être est-ce ce l'une des modifications les plus frappantes de nos modes de vie, de production et de consommation : au cours des trois dernières décennies, l'agriculture française s'est, pour une part non négligeable, installée aussi en ville, dans des lieux dont l'apparence extérieure ne laisse pas forcément deviner ce qu'ils sont.

Agriculture des villes

Une première usine a été construite dans la banlieue d'Amiens au mitan des années 2020. Rien ne la différenciait, au moment de son inauguration, des autres bâtiments industriels du voisinage. À ceci près qu'elle ne rejetait aucune fumée. Et pour cause : il s'agissait d'une ferme. Et plus précisément d'un élevage de vers de farine à partir desquels sont produites, chaque année, depuis bientôt un quart de siècle, 20 000 tonnes de protéines, destinées principalement à l'alimentation des poissons d'élevage et de nos animaux de compagnie.

De telles structures existaient déjà, au Japon notamment. Et aux États-Unis, où se trouvait à l'époque la plus grande usine agricole du monde, à quelques encablures de… Manhattan. Elle s'étendait sur plus de 6 hectares et produisait, sur des étagères éclairées par de la lumière artificielle, 700 tonnes de légumes par an. Ces fermes-usines urbaines présentaient déjà de nombreux avantages. Elles permettaient principalement de produire des aliments toute l'année, à l'abri des aléas météorologiques (comme le froid ou les sécheresses, devenues de plus en plus fréquentes avec le réchauffement climatique) auxquels reste soumise l'agriculture traditionnelle et à proximité immédiate des villes où ils seraient ensuite vendus et consommés : des fruits et légumes 100 % bio.

Problème : ces installations étaient encore coûteuses, notamment parce qu'elles consommaient beaucoup d'énergie. Mais elles sont désormais équipées de panneaux photovoltaïques qui assurent leur autonomie, et se sont multipliées partout dans le monde ces vingt dernières années. En France, plusieurs dizaines de ces usines ont été construites dans la même période : nous ne le savons pas, mais le quart des fruits, légumes (et insectes !) que nous consommons aujourd'hui provient de ces curieuses fermes !

Sous l'effet du dérèglement climatique et des nouvelles contraintes qu'il a imposées, l'agriculture des champs – toujours très majoritaire, évidemment – a quant à elle connu, en l'espace d'une trentaine d'années, nombre de bouleversements et de remises en question.

Agriculture des champs

Cela a pris un peu de temps, car cette conversion s'est d'abord heurtée à la difficulté que le bio est d'un rendement plus faible que celui de l'agriculture conventionnelle. Mais aujourd'hui, en 2050, le vieux label AB, pour « agriculture biologique », dont le logo a tout de même été un peu modernisé, est partout : la production agricole française, comme celle de nombreux autres pays, est devenue 100 % bio. Nous ne nous en rendons plus vraiment compte, mais cela a représenté une formidable gageure, car il y a seulement quarante ans, à la fin des années 2010, 6 % seulement des surfaces agricoles de notre pays étaient bio ! Comment avons-nous pu relever ce défi ?

Le fait que nous ayons très significativement réduit la part de produits d'origine animale (la viande et le poisson, bien sûr, mais aussi les œufs et les produits laitiers) entrant dans la composition de nos repas a permis d'en finir avec la concurrence qui existait naguère entre la production destinée à notre alimentation et celle qui était destinée à nourrir le bétail. Les immenses surfaces agricoles qui se sont ainsi trouvées libérées ont été récupérées, et converties au bio : c'est cela qui a aussi permis de compenser le moindre rendement de cette agriculture sans augmenter les surfaces qui lui étaient dédiées, et donc sans empiéter, en particulier, sur les forêts.

En mettant fin à la surproduction et en limitant les pertes, nous avons également réduit notre gaspillage alimentaire : il représentait un tiers – tout de même ! – des aliments produits au début du siècle, mais il a depuis été divisé par deux.

Pour l'environnement, cette transformation a bien sûr été extrêmement bénéfique. Au début du siècle, les cultures intensives et l'utilisation massive de produits chimiques pour les traiter entraînaient des effets néfastes : pollution de l'eau, réduction de la biodiversité… Le passage au tout-bio nous a permis d'en finir, ou presque, avec cette pollution due aux pesticides. Et comme les agriculteurs n'utilisent plus d'engrais de synthèse, la consommation d'énergies fossiles, jadis nécessaires à la fabrication de ces produits, est moindre.

Le bio, c'est la norme

Tout n'a pas été facile : le passage au 100 % bio s'est heurté à quelques difficultés.

La principale était le grave déficit des sols en azote, élément nécessaire à la fertilisation des différentes cultures. Pour y remédier, les exploitants agricoles ont multiplié les cultures de légumineuses – fèves, haricots secs, pois chiches, lentilles –, devenues essentielles dans notre alimentation : cela leur a permis d'enrichir leurs terres en azote en évitant le recours, comme autrefois, aux nitrates qui polluaient les eaux et réduisaient la biodiversité.

La technique de culture en sol couvert a également permis d'augmenter cet apport en azote, et l'ajout d'espaces fleuris a favorisé la pollinisation. Les dates des semailles et des récoltes ont été avancées, la diversification des variétés a rendu les productions moins sensibles aux aléas climatiques, le système est devenu nettement plus résilient.

Mais d'autres obstacles ont dû être surmontés : avec une agriculture 100 % bio devenue concurrentielle, les agriculteurs allaient-ils être rétribués suffisamment ? Oui, car ils bénéficient désormais des subventions qui, il y a trente ans encore, étaient largement distribuées à l'agriculture conventionnelle, et qui ont été augmentées de nouvelles aides spécifiques à la production bio et durable. Et le consommateur s'y retrouve aussi, qui aujourd'hui ne paie guère plus cher cette alimentation qui lui est longtemps restée inaccessible, et qui a sur sa santé et son environnement des effets si bénéfiques !

Des arbres et des haies

Parce que nous avons drastiquement réduit notre consommation de viande, les besoins en alimentation et en fourrage pour le bétail ont aussi, et très mathématiquement, beaucoup diminué. Les grandes étendues céréalières dédiées à l'élevage qui occupaient encore plus de 90 % de la surface agricole en 2020 sont devenues très rares : elles ne représentent plus aujourd'hui que moins de 10 % de cette superficie.

La préservation des sols, la gestion de l'irrigation et l'optimisation de la résistance des cultures aux nouvelles conditions climatiques auxquelles elles sont soumises sont les principales priorités de ce milieu de siècle : de grandes exploitations subsistent, certes, mais leurs propriétaires s'efforcent de conjuguer la nécessité de maintenir un rendement correct et l'impératif absolu de ne plus recourir que très exceptionnellement à des traitements chimiques.

Les blés, dur et tendre, le colza et le tournesol n'ont bien sûr pas disparu. Mais ces céréales partagent désormais les surfaces où elles sont cultivées avec des légumineuses, qui fixent l'azote et permettent ainsi de limiter l'usage de produits phytosanitaires. Ces parcelles, dont aucun relief ne venait autrefois rompre la plate monotonie, sont aujourd'hui parsemées de fleurs qui favorisent la pollinisation, mais aussi de bosquets et de haies. La physionomie de la Beauce, qui est toujours « le grenier de la France », a par exemple été considérablement modifiée : pour limiter l'effet du soleil brûlant qui l'accable en ce milieu de siècle, de nombreux arbres – notamment des noyers – y ont été plantés, pour apporter de l'ombre à ses immenses étendues céréalières dont la productivité se trouve ainsi préservée.

Les variétés cultivées ont également évolué : les sécheresses à répétition et le manque d'eau ont par exemple banni de nos campagnes le maïs, qui en consommait beaucoup trop. En Aquitaine, le jaune de ses épis a le plus souvent été remplacé par le pourpre des panicules de sorgho : à rendement égal, cette céréale originaire d'Éthiopie, qui présente par surcroît l'avantage de ne pas contenir de gluten, nécessite trois fois moins d'irrigation ! Et des produits bien plus inattendus encore sont couramment cultivés – ou élevés – par nos agriculteurs.

Recherche protéines...

On l'a plusieurs fois évoqué dans les pages précédentes : depuis un quart de siècle, pour des raisons qui tiennent principalement à la nécessité de mieux protéger notre environnement, mais aussi parce que nous sommes devenus plus soucieux du bien-être animal, nous avons énormément réduit notre consommation de viande. Plus précisément, les viandes bovine, ovine et porcine dont nous mangions autrefois des quantités phénoménales ont pratiquement disparu de nos assiettes, de même d'ailleurs que les volailles. Mais à vrai dire, nous ne sommes pas complètement venus à bout de certains paradoxes.

Ainsi, lorsqu'il nous a fallu chercher ailleurs les protéines que nous apportait cette alimentation carnée, nous les avons notamment trouvées, à la plus grande consternation des associations de défense des animaux, chez… les insectes, dont nous sommes, depuis deux décennies, devenus assez friands.

Il est vrai que leur élevage présente à tout point de vue des avantages certains, puisque la production d'un kilo de sauterelles, par exemple, nécessite deux kilos de végétaux seulement alors qu'il en fallait huit pour obtenir un kilo de viande de bœuf – pour un taux de protéines équivalent et une teneur en graisse nettement moindre. De plus, cet élevage nécessite peu d'eau et peu d'espace – on a vu qu'il n'était pas rare que des exploitations soient installées en ville, dans des usines reconverties – et rejette peu de gaz à effet de serre.

C'est pourquoi, en 2050, l'entomoculture s'est imposée : contre toute attente, la nourriture à base d'insectes est d'ailleurs passée, comme on l'a dit, dans nos mœurs culinaires.

...désespérément ?

Marginale il y a encore trente ans, l'algoculture, s'est beaucoup développée elle aussi. Les macro- comme les microalgues sont aujourd'hui couramment cultivées. Elles trouvent l'une comme l'autre des applications dans notre alimentation, mais aussi dans la nutrition des animaux, la chimie, la fabrication de produits cosmétiques et pharmaceutiques, et l'énergie.

Sur le plan nutritionnel, ces algues, qu'elles soient vertes, brunes ou rouges, sont très bénéfiques, car elles sont riches en vitamines, en sels minéraux, et en iode bien sûr. Peu caloriques, elles contiennent de nombreux éléments antioxydants, des fibres et des oméga-3. Surtout, elles sont très riches en protéines d'origine végétale. Enfin, leur exploitation n'empiète pas sur les terres agricoles, ne contribue pas à la déforestation, et ne consomme évidemment pas d'eau : c'est pourquoi, dans notre pays où plus de 700 espèces d'algues différentes ont été référencées, principalement autour des côtes bretonnes, les potagers marins se multiplient.

Millésimes 2050

Enfin, et bien sûr, il y a ces cépages sans lesquels la France ne serait plus tout à fait elle-même. La vigne a subi de plein fouet le dérèglement du climat, et cela remonte à loin, puisque c'est depuis le XIXe siècle que sa floraison, sa feuillaison et sa fructification arrivent chaque année un peu plus tôt. Mais le phénomène s'est aggravé depuis quelques décennies, au fur et à mesure que le réchauffement planétaire s'accélérait, car la modification du régime des pluies et les sécheresses répétées contribuent à la baisse des rendements des ceps et modifient la teneur en sucre des raisins. Ce stress hydrique important bloque la maturation, le grain se concentre, on y trouve beaucoup de sucre et donc plus d'alcool : c'est pourquoi il est nécessaire d'avancer la date des vendanges.

Confrontés à ces nouvelles conditions climatiques, certains exploitants ont fait le choix d'une viticulture nomade, en déplaçant leurs parcelles vers des sites moins exposés au soleil et mieux irrigués. Mais d'autres ont préféré se replonger dans le passé, pour ressusciter des cépages oubliés. À la fin du XIXe siècle, en effet, un puceron importé des États-Unis, le phylloxéra, avait détruit une grande partie du vignoble français. Après cette terrible crise, de nouvelles variétés de vignes avaient été replantées, qui offraient un meilleur rendement, et de nombreux cépages anciens sont alors tombés dans l'oubli, qui présentaient pourtant de précieuses particularités, comme celles de mûrir lentement ou de sécréter moins de sucre et moins d'alcool. Certains de ces cépages oubliés, comme le manseng noir, le tardif ou le plant de Cauzette, ont été retrouvés et redécouverts au début de notre siècle, puis replantés, avec beaucoup d'autres. Dans le Bordelais, l'expérience viticole « Parcelle 52 », initiée il y a plus de quarante ans, a ainsi permis de tester en France cinquante-deux cépages étrangers connus pour leur capacité de résistance au stress hydrique et thermique, qui venaient de pays chauds : Espagne, Géorgie, Grèce, Italie et Portugal. Et aujourd'hui, en 2050, la plupart de ces variétés ont été adoptées par les viticulteurs français.

Ces derniers peuvent aussi compter, pour mieux s'adapter au réchauffement, sur les nouvelles technologies. Autrefois, l'équipement du vigneron se limitait, pour l'essentiel, à un pluviomètre. Il devait donc goûter les uns après les autres les grains de chacune de ses parcelles pour évaluer leur maturité, et déterminer la date à laquelle il faudrait les vendanger.

Mais aujourd'hui, la vigne, elle aussi, est… connectée. Les premières expériences en ce sens ont été menées il y a plus de trente ans, non loin de Montpellier (Hérault), au Domaine du Chapitre, qui était d'ailleurs surnommé à l'époque « le mas numérique », car il était la première exploitation viticole connectée du monde ! Ce qui était alors considéré comme très novateur est presque partout devenu la norme, et dans la plupart des vignobles des capteurs enregistrent, plusieurs fois par heure, toutes les données microclimatiques, puis les modélisent afin d'offrir aux vignerons les informations nécessaires à l'entretien de leurs exploitations : la maturation des parcelles est par exemple suivie automatiquement par des appareils qui mesurent la teneur en sucre du raisin et déterminent la date des vendanges, et des drones survolent chaque vignoble pour détecter d'éventuelles maladies.

De nouveaux crus

En trois décennies, la géographie de la France du vin a beaucoup changé.

La viticulture est, on le sait, une association du sol, du climat et de la vigne. Et de ce point de vue, la Bretagne et la Normandie sont depuis très longtemps des régions fort propices. On l'avait un peu oublié, mais elles ont eu jadis, jusqu'au XVIIe siècle, une longue histoire viticole qui s'était ensuite éteinte quand leurs habitants avaient privilégié d'autres choix agricoles.

Aujourd'hui, le réchauffement climatique leur offre, si l'on ose dire, des conditions météorologiques favorables à la culture de la vigne. Le pays breton bénéficie ainsi du climat qui était autrefois celui du Bordelais, caractérisé notamment par un long ensoleillement, mais avec cet atout supplémentaire que les températures, malgré la hausse généralisée du thermomètre, y sont encore suffisamment basses pour que les ceps soient protégés. Car la proximité de la mer régule le thermomètre, et l'effet de la pluviométrie, encore assez nettement marquée – la Bretagne est toujours la Bretagne ! –, est atténué par le choix de cépages dont les raisins ont une peau assez épaisse pour supporter ces précipitations. De sorte que les vins blancs et effervescents du Morbihan, qu'ils soient de Rhuys, de Sarzeau ou des îles de Groix, d'Arz ou d'Ilur, sont de belle facture et de plus en plus appréciés, même si bien sûr le champagne, aujourd'hui encore, reste pour l'essentiel – mais pas uniquement, comme nous le verrons – à la Champagne !

En Ille-et-Vilaine, désormais, les rives de la Rance offrent elles aussi des paysages de vignes – leur climat a même attiré, durant les dernières décennies, nombre de vignerons bourguignons et bordelais. Une renaissance pour cette région qui a une histoire viticole millénaire ! Le savoir-faire champenois s'est quant à lui installé, en ce milieu de siècle, dans l'estuaire de la Seine. Le sol riche en craie des coteaux de

Sainte-Adresse, en Seine-Maritime, produit aujourd'hui un blanc léger, doté d'une belle acidité, d'une agréable longueur en bouche, et de plaisants arômes de citron, d'acacia, de pomme, de vanille et d'amande : le chardonnay, qu'on se le dise, se plaît désormais en Normandie…

… Et plus au nord encore, puisque près de Béthune, à Haillicourt, de doux dingues avaient imaginé il y a déjà plus de quarante ans de planter une vigne sur… un terril. Une gageure ? Certes. Mais aujourd'hui, la production de ces arpents exposés au sud est fort prisée des amateurs.

Et le vignoble de Boulogne-sur-Mer jouit du même succès : en 2050, le Pas-de-Calais est lui aussi devenu, qui l'eût cru, une région viticole !

Où sont les poissons ?

En même temps qu'elles provoquaient le réchauffement climatique, nos émissions de dioxyde de carbone ont eu un autre effet, moins connu : elles ont entraîné une terrible acidification des mers et des océans, qui absorbaient de trop grandes quantités de CO_2. Une étude scientifique publiée en 2015 avait par exemple démontré qu'entre le début du XIXe siècle et l'an 2000, l'acidité de la Méditerranée avait augmenté de 20 %, provoquant de terribles dégâts dans la faune et la flore sous-marines. Et dans les années qui ont suivi, cette hausse a dans un premier temps continué de s'accélérer.

Elle affectait de nombreux écosystèmes marins, et par voie de conséquence notre sécurité alimentaire, environnementale et sanitaire. Car certains animaux à coquille particulièrement sensibles à cette acidification, comme les huîtres et les moules, qui assuraient une fonction, vitale pour l'humanité, de filtrage des eaux maritimes et océaniques, étaient exposés à terme au risque de complète disparition, ce qui aurait également eu des effets économiques ravageurs chez les conchyliculteurs et les ostréiculteurs. Les coraux, essentiels à la préservation de la chaîne alimentaire marine et de l'environnement, étaient eux aussi menacés d'anéantissement.

La Plateforme Océan et Climat, organisation non gouvernementale, lançait alors ce cri d'alarme : « Si nous continuons à émettre des gaz à effet de serre au rythme actuel, les changements attendus avant la fin du siècle, en matière de biodiversité marine, pourraient être d'une ampleur comparable à ceux intervenus au cours des vingt ou trente millions d'années qui ont précédé. »

La situation était d'autant plus grave qu'un autre danger menaçait alors les mers et les océans : la surpêche, encouragée par des États inconscients de la gravité de ce péril et qui accordaient toujours plus de subventions à de gigantesques flottes dont les propriétaires pratiquaient, à grand renfort de filets géants, une pêche intensive qui ne laissait plus assez de temps aux espèces maritimes pour se reconstituer. « Le monde épuise son capital : nous sommes dans une situation où, dans quarante ans, nous n'aurons plus de poissons », prévenait dès 2010 le directeur du Programme des Nations unies pour l'environnement. Et cela faisait planer une menace gravissime sur la survie alimentaire de plus d'un milliard d'êtres humains : les habitants des pays en développement, pour lesquels le poisson constituait la seule source possible de protéines.

Éviter la catastrophe

C'est dans le cours de la décennie suivante que des mesures énergiques ont enfin été prises par les gouvernements de nombreux pays, dont la France, pour éviter la catastrophe annoncée. À la fin des années 2020, les subventions étatiques octroyées à l'industrie halieutique ont été très considérablement réduites, et redistribuées aux pêcheurs qui avaient fait l'effort de diminuer la taille de leurs bateaux et de leurs filets. D'autre part, des zones maritimes protégées ont été instaurées, dans lesquelles les poissons femelles peuvent désormais atteindre leur taille adulte avant d'être pêchées, et cela a beaucoup contribué à une nette amélioration du renouvellement des espèces. Enfin, c'est aussi à ce moment-là que nous avons commencé à nous convertir à un régime alimentaire dans lequel les fruits de mer et le poisson n'entraient plus qu'en de très petites proportions, et cela aussi a contribué à la préservation de nos mers et de nos océans.

Mais ces diverses dispositions, qui venaient tard, n'ont pas eu d'effets immédiats. Et la pêche a tout de même été, depuis quatre décennies, profondément affectée par le réchauffement climatique.

Aujourd'hui, la plupart des espèces de poissons ont migré vers le nord, de plusieurs centaines de kilomètres, à la recherche d'eaux moins chaudes. Pour les pays situés à proximité des zones polaires, cela constitue une aubaine, car la pêche y est devenue beaucoup plus abondante qu'au début du siècle.

Mais d'autres se trouvent soumis à de nouvelles contraintes : l'expansion jusqu'à la Méditerranée, observée pour la première fois dans les années 2010 et qui s'est ensuite accélérée, du ballon à bandes argentées, appelé également poisson-coffre ou poisson-lapin et, de son nom officiel : Lagocephalus sceleratus, une espèce qui ne vivait auparavant que dans la mer Rouge, est ainsi devenue un grave problème pour les pêcheurs, car ce poisson, toxique et donc immangeable, détruit leurs filets. Autre conséquence du réchauffement : depuis le milieu des années 2030, les pêcheurs français ne trouvent plus de cabillaud dans la mer du Nord, d'où cette espèce a complètement disparu, et sont obligés, pour en capturer, de remonter jusqu'à la mer de Barents. Mais elles ne ressemblent plus guère à celles que nous consommions au début du siècle. Comme la plupart des autres espèces, elles sont beaucoup plus petites, car elles ont perdu, pour s'adapter au réchauffement des eaux, qui se traduisait pour elles par un manque d'oxygène, 20 % de leur taille d'il y a cinquante ans.

L'adieu aux coquillages

Quant aux coquillages dont nous étions si friands, nous devons aujourd'hui nous en passer. Ils sont devenus rares, et très onéreux. Nous étions prévenus, et nous avons eu le temps de nous préparer à cette privation annoncée : les auteurs d'une étude publiée au mois d'octobre 2018 par l'Institut de physique britannique – un organisme à but non lucratif – avaient par exemple pronostiqué que même si le réchauffement climatique restait contenu sous 2 °C, « la mortalité exceptionnelle des huîtres » deviendrait « la norme vers 2035 », car la hausse des températures hivernales, associée à de fortes précipitations, les rendrait plus vulnérables aux maladies. Et de fait, en 2018 toujours, la production ostréicole française avait chuté de 30 %. Responsable : un herpès de l'huître qui se développait quand la température de l'eau augmentait.

Mais pour nous consoler de cette raréfaction, nous pouvons toujours nous remémorer que la conchyliculture à grande échelle, qui avait un temps été envisagée au début du siècle – on considérait alors que cela aiderait à filtrer la pollution des eaux de mer par des engrais – comme une option possible, ne présentait pas que des avantages. Car les palourdes, par exemple, dégagent du méthane, un gaz à effet de serre beaucoup plus nocif que le CO_2, mais aussi de l'oxyde d'azote, qui est plus néfaste encore pour notre atmosphère.

De sorte que l'élevage de ces mollusques – et de quelques autres – était tout de même responsable il y a trente ans de 10 % des émissions de gaz à effet de serre relevées en mer Baltique. Cela aide un peu à se consoler des repas de fêtes sans coquillages…

Ce que nous mangeons

En 2050, il y a des insectes dans nos assiettes. Mais cela ne provoque pas chez nous de hoquet de dégoût. Au contraire, nous nous réjouissons à l'idée de les déguster ! Et ils constituent aujourd'hui un ingrédient essentiel de nos repas. Nous les achetons près de chez nous, par exemple à ces fermiers urbains qui les élèvent parfois, nous l'avons dit, jusqu'au cœur de nos villes, dans d'anciennes usines reconverties en exploitations agricoles. Cela paraissait inimaginable il y a quarante ans, à l'époque où nous rechignions encore à renoncer à nos spécialités culinaires. Mais petit à petit, poussés aussi par la nécessité, nous nous y sommes habitués. De la même façon, nous avons également intégré les algues à notre alimentation quotidienne.

Car en cuisine, aussi, le changement climatique nous a contraints à bouleverser complètement nos coutumes et nos habitudes. Nos manières d'acheter, de consommer, et de manger.

Proximité

Premier bouleversement : nous sommes devenus complètement locavores. C'est-à-dire que nous consommons presque exclusivement des aliments produits au plus près – et si possible dans la proximité immédiate – de nos lieux d'habitation, et dont le transport ne produit donc que très peu de CO_2. Notre conversion collective a été massive : en 2017, 23 % seulement des Français se disaient « localistes ». Aujourd'hui, trente ans plus tard, nous le sommes presque tous.

Paris a été l'une des premières villes à développer les circuits courts, en mettant ses habitants en contact avec des producteurs franciliens, et en créant dans les écoles des associations pour le maintien d'une agriculture paysanne (AMAP) via lesquelles ces cultivateurs pourraient écouler leurs produits.

Aujourd'hui, le localisme est complètement entré dans nos mœurs – et nous avons aussi intégré, depuis les années 2020, qu'il était absolument nécessaire, pour contenir le réchauffement, que nous réduisions de façon très significative nos déchets alimentaires, dont la destruction produisait d'importantes quantités de gaz à effet de serre. Grâce au rétablissement de la consigne et à la généralisation de la vente en vrac, nous n'utilisons par exemple plus d'emballages jetables. Les bouteilles en plastique, ces abominations environnementales (même lorsqu'elles étaient issues de matériaux recyclés), ont totalement disparu depuis que la qualité de notre eau potable a encore été améliorée.

Nous avons aussi mis fin au gaspillage honteux et scandaleux dans lequel nous nous étions installés. Il y a trente ans, nous jetions jusqu'à 26 kilos de nourriture par an et par personne ! Mais depuis que des dispositifs de récupération des aliments que nous ne consommons pas ont été mis en place, ces denrées sont transformées pour être redistribuées aux personnes dans le besoin.

Cependant, c'est dans nos assiettes que le changement par rapport au début du siècle est le plus spectaculaire. Car notre régime alimentaire a été profondément modifié par la nécessité de limiter le réchauffement climatique.

Nourriture pour tous

« Comment nourrir, en 2050, dix milliards d'êtres humains ? » Telle était la question à laquelle a répondu dans un rapport publié il y a un peu plus de trente ans une commission internationale composée de trente-sept experts venus de seize pays. Les conclusions de ces spécialistes de différentes disciplines, publiées au mois de janvier 2019 par la prestigieuse revue scientifique britannique *The Lancet*, pouvaient certes paraître pour le moins alarmistes : « Notre système agroalimentaire, écrivaient-ils d'abord, menace aujourd'hui à la fois la santé humaine et la stabilité de notre planète. »

À l'époque, en effet, 820 millions d'êtres humains souffraient de sous-nutrition chronique. À l'inverse, 2,4 milliards de personnes consommaient trop de nourriture. En outre, la moitié de la population mondiale souffrait de carences alimentaires, responsables « d'un risque de morbidité et de mortalité prématurée plus élevé, à lui seul, que l'addition des risques liés aux rapports sexuels non protégés et à la consommation d'alcool, de drogues, et de tabac ». D'autre part, observaient également ces scientifiques, « la production agroalimentaire mondiale menace la stabilité de notre système climatique et la résilience des écosystèmes, et constitue le principal facteur de dégradation de l'environnement ». Car, de fait, cette production, qui occupait 40 % des terres de la planète, était responsable à l'époque de près de 30 % des émissions mondiales de gaz à effet de serre, et de 70 % de la consommation d'eau douce. L'élevage, en particulier, produisait – nous y reviendrons – des effets désastreux.

Mais ces experts, après avoir ainsi pointé la gravité de la situation, se montraient ensuite plus rassurants. Des solutions existent, expliquaient-ils. Pour peu qu'elles soient mises en œuvre sans plus attendre, elles permettraient d'éviter une double catastrophe, sanitaire et environnementale. Et de préconiser l'adoption d'un menu-type dans lequel les protéines seraient presque exclusivement d'origine végétale : un repas composé prioritairement de fruits et de légumes (à raison de 500 grammes par jour et par personne), puis, dans de moindres proportions, de céréales complètes (pour leur apport calorique), de produits laitiers et de quelques cuillerées d'huile végétale, mais dans lequel la viande et le poisson n'entreraient plus qu'en de très faibles proportions, puisque leur consommation se limiterait à 14 grammes de bœuf (ou d'agneau, ou de porc) – soit l'équivalent d'un beefsteak par semaine – et à une petite trentaine de grammes de volaille ou de poisson par jour.

Un tel régime, expliquaient les auteurs du rapport, permettrait d'éviter, chaque année, 11 millions de décès prématurés. De sorte que la mortalité des adultes s'en trouverait réduite, à l'échelle de la planète, de 20 %. Un résultat pour le moins spectaculaire. D'autre part, il serait extrêmement bénéfique pour l'environnement : outre qu'il ouvrirait la possibilité d'un retour à une production agroalimentaire n'exploitant plus les systèmes naturels au-delà de leurs capacités, il permettrait de stabiliser les émissions de deux gaz à effet de serre particulièrement nocifs, le méthane et l'oxyde nitreux, et de limiter aussi l'espace et les prélèvements d'eau douce nécessaires à l'agriculture et à l'élevage.

En somme, les auteurs de ce rapport préconisaient une véritable révolution alimentaire. Urgente. Et impérative. Et nous nous sommes rendus à leurs préconisations – tout en maintenant, évidemment, un peu de ces traditions culinaires et gastronomiques sans lesquelles la France ne serait plus complètement la France.

En cuisine

Dès les années 2010, plusieurs de nos plus grands chefs cuisiniers, anticipant une évolution devenue inéluctable, s'étaient d'ailleurs « mis au vert ». Le jeune chef Christophe Moret avait par exemple mis à la carte de son restaurant étoilé parisien un dîner mensuel « 100 % green », entièrement végétalien. Au menu : navets, betteraves et tofu en ravioli, jus végétal et feuille à feuille de carotte, bloody mary de tomates et pastèque, semoule de sarrasin et légumes verts, puis un dessert de fraises de plein champ. Joël Robuchon, lui aussi, avait alors imposé dans ses restaurants américains et français des menus végétaliens – et sans gluten : que de délices ! Depuis, les chefs étoilés ont intégré dans leurs compositions, en sus des fruits et légumes qui constituent la plus importante part de notre alimentation, certaines des denrées, parfois étonnantes, dont nous n'aurions jamais imaginé il y a quarante ans que nous apprendrions à les apprécier, mais que nous consommons désormais couramment.

Aujourd'hui, donc, nous mangeons très peu de viande, et presque plus du tout de viande rouge. Cela signifie, concrètement, que nous nous sommes privés d'une source essentielle de protéines.

Des insectes pour le dessert

Pour éviter les carences, nous avons donc dû nous tourner vers de nouveaux aliments protéinés. Pour une part importante, il s'agit de végétaux. Comme certaines céréales, et les lentilles ou le soja, dont la consommation quotidienne couvre une part importante de nos besoins journaliers.

Mais surtout, et cela représente peut-être l'évolution la plus spectaculaire, d'autant plus remarquable qu'elle a été extrêmement rapide, de notre régime alimentaire : nous avons appris, en France et dans tout le monde occidental, à cuisiner et à aimer, comme le faisaient depuis toujours les habitants de nombreux pays d'Afrique, d'Amérique latine et d'Asie, les insectes, qui sont tout à la fois très protéinés et très pauvres en graisse.

Il y a fort longtemps que certains orthoptères sont vendus en France dans des préparations culinaires : dès le début des années 2000, on pouvait ainsi acheter à Paris des barres énergétiques à la poudre de grillon. Mais il y avait peu d'amateurs, et à l'époque, la vente d'insectes destinés à la consommation humaine était encore illégale, même si elle était, de fait, largement tolérée. Ce n'est qu'en 2020 qu'une législation spécifique est venue l'encadrer. Les contrôles sanitaires ont été renforcés, pour éviter que des animaux porteurs de maladies potentiellement dangereuses ne soient commercialisés. De même, certaines espèces particulièrement allergènes ont été interdites. Mieux surveillée, la vente d'insectes est devenue, à partir du milieu des années 2020, un commerce florissant. Un kilo de sauterelles – dont le goût rappelle un peu celui des cuisses de grenouille, disent certains gourmets –, contient autant de protéines qu'une côte de bœuf. Mais il faut deux kilos de végétaux seulement – et très peu d'eau – pour produire ce kilo de sauterelles, quand il en fallait huit par kilo de bœuf ! Autre insecte miracle : le ver de farine, extrêmement riche, on l'a dit, en protéines et en oméga-3, fait un parfait substitut au poisson. Son aspect, il est vrai, n'est pas forcément des plus engageant. C'est pourquoi nous le consommons principalement sous la forme d'une… farine, justement, que nous intégrons à beaucoup de nos préparations, de l'apéritif – dans des tapenades, par exemple – au dessert – dans des flans et des gâteaux !

Les algues – présentes depuis toujours dans certaines cuisines d'Extrême-Orient –, sont depuis une trentaine d'années l'autre grande nouveauté dans nos assiettes et dans nos verres, où elles trônent désormais en salade, évidemment, mais aussi sous forme de boissons et de nombreuses sauces – puisqu'elles permettent par exemple de confectionner d'excellentes mayonnaises végétales.

Il est vrai que les algues sont, plus encore peut-être que les insectes, dont la consommation mécontente toujours les défenseurs des animaux, extrêmement avantageuses, à tout point de vue. Car, outre que leur culture, qui s'est beaucoup améliorée au cours des quatre dernières décennies, est peu onéreuse et totalement respectueuse de l'environnement, leur goût peut être d'une extraordinaire délicatesse. Surtout, elles constituent, comme les insectes, une formidable source de protéines. Et là aussi, les as des fourneaux font des prodiges : le croustillant d'algues est même devenu, qui l'eût cru, un classique de la gastronomie française !

Et la santé ?

Bien évidemment, le changement climatique a eu des effets directs sur notre santé, et continue, aujourd'hui encore, de l'impacter.

Cela s'était vérifié dès la terrible canicule de l'été 2003, durant laquelle 15 000 personnes avaient, selon le gouvernement de l'époque, trouvé la mort, et qui n'était malheureusement qu'un prélude à la longue série d'épisodes caniculaires qui se sont ensuite succédé à un rythme toujours plus soutenu. Pendant ces épisodes climatiques extrêmes durant lesquels la température devient véritablement suffocante, ce sont, comme on le sait, les personnes âgées ou en situation de précarité qui deviennent le plus particulièrement vulnérables.

Attention, danger !

Comme le rappelle désormais tous les ans le ministère de la Santé et des Solidarités, notre santé est fragilisée dès que la température extérieure est plus élevée que celle à laquelle nous sommes habitués. Outre que la chaleur excessive nous affaiblit et nous fatigue, elle peut provoquer des accidents graves, voire mortels, comme la déshydratation ou les « coups de chaud ». Enfin, elle aggrave nombre de maladies – dont les traitements médicamenteux peuvent aussi accroître notre sensibilité aux températures trop élevées. C'est pourquoi nous sommes aujourd'hui régulièrement soumis, en dépit des progrès qui ont été faits dans la climatisation de nos lieux de vie et le rafraîchissement de nos villes, au rappel des quelques mesures simples mais nécessaires que nous devons prendre à l'approche de l'été et des premières canicules, puis lorsque la température monte : préparer dans une « trousse canicule » un brumisateur, un ventilateur individuel – et connecté –, un thermomètre médical ; apprendre à reconnaître les signaux annonciateurs d'un malaise ; et surtout toujours, aujourd'hui comme hier, éviter de rester isolé !

Un malheur, dit un vieux dicton, n'arrive jamais seul : nous le vérifions quand vient l'été. Car les hausses des températures ne nous exposent pas seulement aux risques, directement liés aux épisodes caniculaires, que nous venons d'évoquer, elles entraînent aussi une aggravation de la pollution atmosphérique, notamment par l'ozone.

Et cela menace également notre santé, car cette pollution peut provoquer des cancers ou des maladies cardiovasculaires et respiratoires – cependant que l'augmentation de l'intensité du rayonnement ultraviolet menace notre épiderme et nos yeux, et peut même affaiblir l'ensemble de nos défenses immunitaires.

Entre 2010 et 2030, la France, comme de nombreux autres pays, a pris des mesures drastiques pour améliorer la qualité de son air, en réduisant notamment ses émissions de microparticules et de gaz à effet de serre. Les polluants atmosphériques comme les oxydes d'azote, responsables de la formation de l'ozone de nos villes, ont également été bannis. Mais ce n'est qu'aujourd'hui, vingt ans après la mise en place définitive de ces mesures, que nous pouvons enfin en mesurer les effets. Et les résultats, ajoutés au fait que chacun de nous a enfin appris à respecter l'environnement en adoptant des comportements et des habitudes qui contribuent pour beaucoup à la lutte contre la pollution, sont très encourageants, puisque après quarante ans d'efforts, nous avons par exemple réussi, en réduisant nos émissions de polluants, à « retarder » – comme disent les médecins – 2 800 décès par an. Cela fait, par rapport à 2010, une baisse de 20 % de la mortalité cardiovasculaire. C'est une performance réconfortante, mais qui ne doit cependant pas nous faire à oublier que rien n'est jamais, en la matière, complètement acquis. Et que les émissions d'ozone, depuis une dizaine d'années, sont par exemple reparties à la hausse, non par notre faute, mais par celle de l'élévation continue des températures et de l'accroissement de l'ensoleillement annuel.

Allergies

Le réchauffement planétaire a d'autres effets sur notre santé, moins immédiatement évidents que ceux qui sont directement liés aux épisodes caniculaires. Nous sommes, par exemple, beaucoup plus allergiques qu'il y a quarante ans.

Au début des années 2010, en effet, 20 % de la population française souffraient d'allergies saisonnières, et notamment, à la saison chaude, de rhinites allergiques. C'était, déjà, vingt fois plus que vingt ans plus tôt. Or, depuis, cette hausse n'a cessé de s'accélérer. Car les hivers courts et doux que nous connaissons désormais favorisent une pollinisation précoce et plus abondante. De sorte qu'aujourd'hui, en 2050, un Français sur deux est allergique, aux pollens principalement.

Et pour cause : à la faveur du dérèglement climatique, certaines plantes particulièrement allergisantes ont colonisé des régions entières dans lesquelles la hausse générale des températures leur permet désormais de s'implanter. L'ambroisie à feuille d'armoise, par exemple – une mauvaise herbe particulièrement résistante et vivace importée involontairement des États-Unis au XIXe siècle –, n'a cessé depuis quarante ans de conquérir de nouveaux fiefs. En 2015, elle n'était présente que sur un petit tiers du territoire français, principalement dans la région Auvergne-Rhône-Alpes – où son pollen particulièrement corrosif provoquait des allergies chez 13 % des habitants – et en Bourgogne. Car cette plante qui aime la chaleur ne « prenait » pas dans les zones où les premiers gels arrivaient tôt dans l'année. Mais avec le réchauffement, dont l'un des effets a été que presque partout en France ces premières gelées arrivent désormais beaucoup plus tard, elle a finalement colonisé 90 % de notre pays. Et les campagnes d'arrachage et de fauchage qui se sont multipliées depuis quelques années sont loin encore d'être venues à bout de ce fléau...

Certaines espèces animales favorisées par le réchauffement climatique présentent également des dangers du même type. C'est le cas, par exemple, de la chenille processionnaire du pin, qui construit au bout des branches des arbres qu'elle colonise ces boules cotonneuses blanches si facilement reconnaissables et dont l'expansion vers le nord, déjà ancienne puisqu'elle avait commencé dans la seconde moitié du XXe siècle, a très tôt été considérée – à l'époque où des climatosceptiques, comme on les appelait, doutaient encore de la réalité de ce phénomène – comme l'une des preuves qu'un changement climatique majeur était en cours, et n'a cessé de s'accélérer. Avant les années 1990, elle restait cantonnée sous la Loire, qui faisait office de barrière naturelle contre sa progression, car au nord de ce fleuve les vagues de froid étaient encore fréquentes. Mais entre 1994 et 2007, l'envahissante chenille était remontée d'Orléans jusqu'à Paris. Huit ans plus tard, en 2015, elle était en Alsace. Et au début des années 2020, profitant toujours de la hausse continue et générale des températures, elle avait conquis toute la France.

Or, les poils de cet animal sont particulièrement urticants. Ses premières victimes sont les animaux domestiques – chiens et chats – qui les approchent quand elles descendent de leurs arbres au printemps. Mais nous aussi sommes vulnérables, car leur contact nous donne de violentes démangeaisons, et parfois des œdèmes. Dans certains cas, heureusement très rares, leurs poils, chargés d'une protéine toxique, peuvent même provoquer un choc anaphylactique, dont le traitement nécessite une hospitalisation.

Autre fléau – plus petit mais beaucoup plus dangereux que la chenille processionnaire –, le moustique tigre est porteur de plus d'une vingtaine de virus extrêmement virulents, comme ceux de la dengue, du chikungunya, du virus Zika et de la fièvre jaune, et s'attaque en priorité aux êtres humains, mais s'en prend aussi à nos animaux domestiques. Apparu en France en 2004 – d'abord par la Corse et les Alpes-Maritimes –, le moustique tigre n'a cessé, au cours de la décennie qui a suivi, de remonter vers le nord de notre pays, bien plus rapidement que ne l'avaient prévu les scientifiques qui mesuraient sa progression. Il est ainsi arrivé dès 2013 à Paris, où ces derniers ne l'attendaient pas avant 2020. Dix ans plus tard, il était partout, et 2,5 milliards d'individus dans le monde se trouvaient sous sa menace. En étendant son empire, il gagnait aussi en dangerosité, car la hausse des températures, en même temps qu'elle favorisait son expansion, modifiait son métabolisme, mais changeait aussi les virus dont il était porteur, aggravant leur létalité, puisque la période d'incubation de la dengue, par exemple, qui est normalement d'un mois, peut tomber à cinq jours lorsque les températures montent trop.

Dans le même laps de temps, deux autres espèces également porteuses de virus terriblement menaçants, le moustique japonais et le moustique égyptien, ont aussi envahi l'Europe – provoquant, pendant plusieurs années, les terribles dégâts que l'on sait : plusieurs centaines de cas de dengue, de virus Zika et de chikungunya ont été, on se le rappelle, diagnostiqués avant qu'enfin la recherche médicale ne découvre les vaccins qui ont permis d'éradiquer certaines de ces maladies.

La découverte, au début des années 2040, d'un meilleur traitement de la très incapacitante maladie de Lyme a également constitué une heureuse nouvelle. Car d'autres petites bêtes extrêmement toxiques ont elles aussi profité du réchauffement climatique pour s'installer partout en France et dans le monde : les tiques, dont l'élévation des températures avait déjà multiplié le taux de reproduction par deux au Canada et aux États-Unis au début de notre siècle. Leurs piqûres peuvent provoquer non seulement une borréliose – c'est l'autre nom de la maladie de Lyme, dont on relevait chaque année plusieurs dizaines de milliers de cas en France dans les années 2020 –, mais aussi des encéphalites.

Nos forêts

Les forêts françaises ont elles aussi été très fortement impactées par le changement climatique.

Cela a été très nettement perceptible dès le début du siècle, puisqu'en 2010 déjà des fleurs et des feuilles apparaissaient, dans les sous-bois, dix jours plus tôt en moyenne qu'à la fin du XXe siècle. L'explication de ce phénomène était double. D'une part, certaines essences d'arbres poussaient à des altitudes plus élevées qu'auparavant, car le froid y était moins vif. D'autre part, et surtout, sous l'effet du réchauffement général et de la hausse des dégagements d'azote, ajoutée à celle du gaz carbonique dont se nourrissent les arbres, la productivité des forêts françaises était en augmentation constante, et très rapide, puisqu'elle avait été de plus de 30 % en seulement dix ans entre 2000 et 2010. Du jamais-vu !

Depuis, ces phénomènes se sont pour la plupart amplifiés. Et la physionomie de nos forêts s'en est trouvée profondément modifiée. En quarante ans, des arbres dont personne n'aurait jadis pu imaginer qu'ils pousseraient un jour ailleurs que dans le Midi ont complètement colonisé la moitié nord de la France. Le pin maritime et le chêne méditerranéen, essences méridionales par excellence, ont, par exemple, littéralement envahi les forêts franciliennes.

Les hêtres de Fontainebleau ou de Rambouillet se font en revanche de plus en plus rares : cet arbre spécialement vulnérable au réchauffement ne pousse plus que tout au nord de notre pays. Et d'autres essences, naguère répandues sur plusieurs millions d'hectares, sont elles aussi en voie de disparition, comme certaines variétés de chênes, de pins et de sapins ou encore l'épicéa, qui depuis plusieurs décennies souffrent très cruellement, sauf à de hautes altitudes, du dessèchement des sols consécutif à la hausse des températures.

Puits de carbone

La forêt, on le sait, joue un rôle considérable, et à vrai dire essentiel, dans la lutte contre le réchauffement climatique : celui d'un puits de carbone, selon l'expression consacrée – comprendre par là qu'elle stocke et « séquestre », comme disent les spécialistes, plus de carbone qu'elle n'en émet.

C'est la raison pour laquelle dès le milieu des années 2010 la priorité a été donnée, en France, au boisement et au reboisement. À l'époque, la forêt occupait 16,9 millions d'hectares : c'était deux fois plus qu'un demi-siècle plus tôt, et cela représentait 31 % du territoire métropolitain. Depuis, elle a continué à s'étendre, de 100 000 hectares par an en moyenne, et cette progression, soigneusement contrôlée, a permis d'améliorer le stockage du carbone dans les arbres (vivants et morts) et le sol des sous-bois. Selon le même modèle, des actions ont été entreprises afin de favoriser ce stockage dans des haies, massivement replantées. En 2014, un projet appelé « Carbone local » avait ainsi été initié en Occitanie, qui proposait aux entreprises locales souhaitant s'investir dans cet engagement environnemental de compenser volontairement leurs émissions de CO_2 en plantant et en entretenant des haies paysagères. En l'espace de quelques mois, 4,5 kilomètres linéaires de ces haies avaient été plantés et avaient permis de « séquestrer » plus de 500 tonnes de carbone : cette remarquable performance explique pourquoi cette initiative en a depuis inspiré beaucoup d'autres dans toute la France.

Mais par un étrange paradoxe, cette expansion territoriale des surfaces boisées, l'un de nos meilleurs atouts dans la lutte contre le réchauffement, accroît un phénomène lié lui aussi à ce dérèglement climatique : avec la hausse des températures et la multiplication des épisodes caniculaires, les risques de feux de forêt se sont eux aussi aggravés, dans des proportions inquiétantes.

Incendies

Il y a trente ans, un gros tiers de la surface occupée en France par des forêts, soit quelque 5,5 millions d'hectares, était considéré comme particulièrement vulnérable aux incendies. Trois décennies plus tard, c'est la moitié de cette surface qui est menacée : cela confirme, hélas, les prévisions les plus pessimistes.

Ce n'est plus seulement le pourtour méditerranéen qui se trouve le plus exposé : pendant la saison estivale, l'Aquitaine et la Sologne endurent elles aussi des conditions climatiques caniculaires tout à fait comparables à celles qui restaient naguère circonscrites au Midi.

Quant aux forêts de la Méditerranée, cela fait maintenant plus de vingt ans qu'elles ont été profondément et durablement – voire, dans certains cas, définitivement – altérées par les incendies qui depuis 2030 les ont régulièrement ravagées, en dépit des efforts accrus de prévention qui ont été consentis depuis le début du siècle, et qui se révèlent toujours plus coûteux, puisque le budget consacré à la prévention des feux de forêts est passé de 500 millions d'euros par an en 2020 à plus de 700 millions aujourd'hui, pour un même niveau d'efficacité.

Loups, ours et aurochs

Qui dit sous-bois dit animaux sauvages, puisque c'est principalement dans les régions forestières que ces derniers ont toujours vécu, à l'écart et à l'abri des humains.

Les loups, qui avait complètement disparu de France dans la première moitié du XXe siècle – le tout dernier avait, dit-on, été abattu en 1947 dans le département de la

Haute-Vienne –, y étaient cependant revenus au début des années 1990, par l'Italie, pour s'installer d'abord dans le parc national du Mercantour.

Trente-cinq ans plus tard, en 2025, on estimait leur population à 400 individus environ. À l'époque, leur multiplication suscitait déjà l'ire des bergers, car ces animaux attaquaient régulièrement leurs troupeaux. En 2015, les pouvoirs publics, sensibles à cette colère, avaient autorisé l'abattage de 36 loups – contre 24 seulement l'année précédente –, au grand regret des associations de protection animale. Trois ans plus tard, en 2018, ce quota avait encore été relevé, à 51 bêtes – par crainte d'une éventuelle contamination après la découverte de la dépouille d'un de ces animaux mort d'un empoisonnement. Mais dans les années suivantes, les attaques de loups contre des troupeaux, il est vrai de moins en moins nombreux, avaient régulièrement baissé, et les humains ont finalement consenti à se montrer moins féroces. Résultat : en 2030, le loup avait, avec cinq ans de retard sur les prévisions des spécialistes, recolonisé la totalité du territoire français, à l'exception de la Bretagne, où il n'est entré qu'en 2035 !

L'ours brun, également, a fait son retour en France, par les Pyrénées, où il n'en restait plus que cinq au début des années 1990, dont une seule femelle.

Entre 1996 et 2016, huit de ces plantigrades avaient été réintroduits dans le massif pyrénéen. Cela, on se le rappelle peut-être, avait déclenché la colère de certains éleveurs, qui accusaient ces ours d'attaquer leurs troupeaux. Non sans mauvaise foi, puisqu'en réalité, entre 2000 et 2015, les attaques de brebis avaient été divisées par trois, alors même que le nombre d'ours vivant dans les Pyrénées avait été, quant à lui, multiplié par trois. De sorte qu'il était pour le moins hardi de soutenir qu'ils représentaient un véritable danger. Il y a trente ans, il y avait une trentaine d'ursidés dans les Pyrénées ; depuis, leur population a plus que doublé.

Mais il y a plus surprenant encore, puisqu'on peut désormais apercevoir dans certains de nos paysages des bisons et des élans, mais aussi des aurochs, ces mythiques ancêtres des bœufs, qui avaient totalement disparu au XVIIe siècle et qui ont été littéralement reconstitués : ces diverses espèces ont été réintroduites en France et dans toute l'Europe à partir de 2045, dans le cadre de programmes de préservation de l'environnement par le réensauvagement de certains territoires.

Disparitions

D'autres espèces, hélas, n'ont pas survécu. En 2018, des chercheurs du Muséum national d'histoire naturelle et du CNRS avaient ainsi lancé un véritable cri d'alarme après avoir constaté que les oiseaux disparaissaient des campagnes françaises à une « vitesse vertigineuse ». Les populations de bruants ortolans, d'alouettes des champs, de fauvettes grisettes et de perdrix avaient ainsi été divisées par trois en à peine quinze ans, et cela constituait, du point de vue de ces scientifiques, une gravissime « catastrophe écologique ».

En cause, l'intensification, à partir de 2008, dans un moment pourtant où chacun aurait dû prendre conscience de la nécessité de protéger la biodiversité autant que de réduire le réchauffement climatique, de pratiques agricoles de plus en plus intensives, et la généralisation du recours aux néonicotinoïdes. Dans les années 2020, ces insecticides extrêmement toxiques ont finalement été interdits. Puis l'agriculture a été, on l'a dit, profondément réformée, avec le passage au tout-bio. Mais pour certaines espèces d'oiseaux, comme les tourterelles des bois, ce sursaut est venu trop tard : elles n'ont pas survécu.

Quant aux abeilles, dont on sait le rôle essentiel qu'elles jouent dans la pollinisation, et qui sont par conséquent si nécessaires à notre survie, elles ont bien failli disparaître complètement. Sous l'effet, principalement, des mêmes néonicotinoïdes, qui avaient, avant leur interdiction définitive, provoqué de terribles ravages dans l'apiculture française. Mais aussi parce qu'elles étaient particulièrement sensibles, surtout dans les régions méditerranéennes, aux canicules qui se sont multipliées depuis un demi-siècle, et qui les décimaient : c'est ce qui explique pourquoi nombre d'apiculteurs, contraints par le réchauffement, ont dû depuis quelques décennies remonter vers le nord, pour installer leur ruches dans des régions où la hausse des températures se fait moins durement sentir, et dans lesquelles ils peuvent ainsi poursuivre leur activité.

Au bord de la mer

Les tempêtes de janvier 2050 ont une nouvelle fois été violentes : des rafales à plus de 170 kilomètres/heure de la Côte d'Opale à la baie du Mont-Saint-Michel, et des vagues de près de 10 mètres de haut ! Les digues et les épis qui jalonnent le littoral hexagonal semblent être, dans ces cas-là, de véritables fétus de paille face à la puissance de l'océan.

Pourtant, depuis la fin du XXe siècle, les scientifiques nous alertaient au sujet de ce risque d'élévation du niveau de la mer. Mais, à raison d'une hausse de 3 millimètres par an, nous ne prenions pas vraiment conscience du péril…

Aujourd'hui, de Bray-Dunes, dans le Nord, à Hendaye, dans les Pyrénées-Atlantiques, de Cerbère, dans les Pyrénées-Orientales, à Menton, dans les Alpes-Maritimes, en passant par le littoral corse, la carte postale est souvent très différente de ce qu'elle était il y a cent ans à peine. Car cette montée des eaux est aujourd'hui bien visible, et elle a de lourdes conséquences, peut-être moins immédiatement discernables à l'œil nu, mais tout aussi graves…

La mer monte

Bien entendu, la fonte des glaces du Groenland et de l'Antarctique ainsi que celle des glaciers de nos montagnes y ont contribué. Mais c'est surtout la hausse de la température de l'eau de mer qui génère ce problème : lorsqu'elle se réchauffe de quelques degrés supplémentaires, elle se dilate, et prend plus de place. Elle s'est déjà élevée d'une quarantaine de centimètres, et d'ici 2100 cette hausse de son niveau pourrait atteindre un mètre…

La mer gagne donc sur le continent. Déjà au siècle dernier, entre 1947 et 1994, les vagues avaient grignoté jusqu'à plus de 200 mètres à l'intérieur des terres sur le littoral de l'ouest de la Manche. Plus au sud, la côte aquitaine, depuis lors, perd localement 2,50 mètres par an en moyenne, la baie d'Erromardie à Saint-Jean-de-Luz se creuse toujours de 80 centimètres par an, et en Méditerranée les lagunes de l'Hérault et la Camargue reculent : impossible de s'opposer à la puissance des mers et des océans.

D'autant que les plages de sable ne sont pas les seules exposées. Une partie de notre littoral est constituée de zones dites basses qui sont les premières menacées par la submersion. Il s'agit principalement des polders ou wateringues, dont l'altitude est inférieure au niveau que l'océan atteint lorsqu'il est soumis à des conditions météorologiques extrêmes, et qui sont, par une espèce de cruelle ironie, des espaces que nous avions jadis gagnés… sur la mer.

La première prise de conscience de ce risque majeur est ancienne. Il y a quarante ans, en février 2010, la tempête Xynthia avait balayé la côte atlantique en même temps que la pleine mer avec un fort coefficient de marée. La conjonction de ces deux phénomènes avait entraîné une surcote de l'océan, qui avait envahi le littoral en pleine nuit. Submersion meurtrière : quarante-sept personnes avaient perdu la vie. La Charente-Maritime et surtout la Vendée avaient été très durement touchées.

Après cette catastrophe, le plan de prévention des risques littoraux avait été complété par celui de submersion marine. Le trait de côte a alors été défini précisément : c'est une ligne qui matérialise la limite entre la mer et la terre dans le cas d'une marée haute de fort coefficient, c'est-à-dire 120. Cela a sensibilisé les populations et les élus aux dangers encourus, et a permis de déplacer et de relocaliser les zones d'habitation et d'activité.

Le littoral du Nord, du Pas-de-Calais, une partie de la Normandie, de la Bretagne, puis la côte atlantique de l'estuaire de la Loire à la frontière espagnole, mais aussi les plages méditerranéennes sont tous concernés : le problème est d'autant plus préoccupant que ces bandes côtières sont souvent plus densément peuplées que le reste du territoire.

Ainsi, la zone la plus exposée aux submersions se situe dans un triangle compris entre Calais, Dunkerque et Saint-Omer. Dans ce secteur, d'anciens marais et de nombreuses terres gagnées sur l'espace maritime au XVIIe siècle se situent sous le niveau de la mer. Ils sont protégés par un système de canaux et de drainage, les wateringues.

La commune de Grande-Synthe, dans le Nord, est bâtie sur un polder, des terres prises elles aussi sur la mer. La zone située sous le fameux trait de côte doit aujourd'hui, plus que jamais, pouvoir compter sur la digue qui la protège, et être régulièrement renforcée et rehaussée. Les wateringues sont équipées de nombreuses pompes puissantes et surtout autonomes en énergie pour les prémunir, autant que possible, contre une possible submersion, mais aussi les infiltrations – car en 2050 les jours de fortes pluies sont plus nombreux qu'avant...

À Gravelines, depuis plus de trente ans, les habitants de certains quartiers ont l'obligation d'installer des anneaux d'amarrage sur leurs façades, à environ un mètre de hauteur, pour les bateaux des secours en cas d'inondation : la peur est devenue une réalité.

Menaces

Mais la difficulté majeure, sur cette portion du littoral, réside dans la protection des nombreuses installations industrielles qui jalonnent la côte entre Calais et Dunkerque, dont certaines sont classées Seveso, donc à très hauts risques. C'est bien sûr la centrale nucléaire de Gravelines, où le risque de submersion par la mer du Nord est terriblement préoccupant, qui a focalisé toutes les attentions. Pour protéger le site, les murets qui le ceinturaient avaient été rehaussés de 40 centimètres en 2014. Puis deux digues, hautes respectivement de 3 et 4 mètres, furent érigées : des aménagements indispensables, mais guère rassurants…

Finalement, les six réacteurs ont été progressivement fermés à partir de 2031, après près d'un demi-siècle d'exploitation. Les travaux de démantèlement touchent aujourd'hui à leur fin, et de nouveaux projets d'installations nucléaires sont envisagés sur les 150 hectares du site. Mais bien sûr, le spectre de la catastrophe de Fukushima hante toujours les esprits, près de quarante ans après qu'elle s'est produite : la concertation se poursuit, mais l'opposition à ces nouveaux projets est très forte, car la hausse du niveau de la mer est une menace réelle pour la sécurité des futures installations.

Refuges

La presqu'île du Cotentin subit également cette montée du niveau des eaux. La réglementation départementale de la Manche impose aujourd'hui aux maisons sans étage la construction d'une pièce refuge au-dessus du niveau de la mer. Celles qui se situent près des havres de Barneville-Carteret à Bréhal sont principalement concernées.

L'est de la presqu'île subit aussi de plein fouet cette élévation du niveau marin : les environs de Carentan gagnés autrefois sur les marais connaissent désormais la blanchie tout au long de l'année. La blanchie ? C'est le nom que l'on donne aux marais lorsque les cours d'eau qui les traversent débordent. Le reflet des nuages sur ces étendues d'eau blanchit le paysage, d'où cette appellation. Sauf qu'aujourd'hui le phénomène n'est plus seulement hivernal, mais dure toute l'année…

Les côtes aquitaines sont également rongées par l'océan surélevé, et l'assaut des vagues n'a souvent fait qu'une bouchée des digues. En 1967, en Gironde, à Soulac-sur-Mer, un immeuble a été construit à 200 mètres du trait de côte. Quarante plus tard, les vagues étaient à moins de 10 mètres du bâtiment. Évacué en 2014, cet ensemble immobilier fut un véritable signal d'alerte du danger qui venait de l'océan. Ironie du sort : l'immeuble s'appelait justement « Le Signal »...

La station balnéaire de Lacanau, quant à elle, a tenté de protéger son front de mer avec des blocs de calcaire de 300 tonnes. La solution n'a été que provisoire car les tempêtes à répétition et les grandes marées ont effectué un travail de sape considérable depuis trente ans. Il a fallu abdiquer et relocaliser plus de 1 200 logements et commerces dans l'intérieur des terres... Comme le craignait l'Observatoire de la Côte Aquitaine (OCA) au début du siècle, le trait de côte a reculé, depuis, de 50 mètres : ce sont plus de 20 kilomètres carrés qui ont disparu dans ce débordement de l'océan sur le continent, soit l'équivalent de 1 873 terrains de football !

Cette rapide érosion du littoral affecte également la Méditerranée, principalement les côtes situées entre la frontière espagnole à l'ouest et le delta du Rhône à l'est – mais aussi la plaine orientale corse et le littoral d'Ajaccio.

Si certains ont milité pour la construction de digues ou de brise-lames, l'option retenue par le Conservatoire du littoral a été de laisser faire la mer plutôt que de défendre les terres. Les spécialistes de cet organisme ont mis en avant la contre-productivité des ouvrages en dur : quand les vagues se brisent sur une digue ou un enrochement, ont-ils fait valoir, elles creusent derrière l'ouvrage artificiel et emportent le sable plus loin, aggravant ainsi le recul des plages. Aujourd'hui, pour maintenir ces bandes sableuses du littoral, on préfère les recharger avec du sable remonté du large que de tenter de les fixer par des enrochements.

Patrimoine en danger

On les imagine indestructibles, véritables remparts face à l'océan, mais les falaises sont également victimes de l'érosion. Si les roches granitiques, notamment en Bretagne, sont peu friables et résistent aux assauts des vagues, les falaises de craie, elles, reculent presque toutes. L'élévation du niveau de la mer et le mouvement des vagues fragilisent le pied des parois. Le ruissellement et les infiltrations ont également fait leur œuvre, mais aussi l'urbanisation souvent imprudente sur les côtes. Dans les Bouches-du-Rhône, à quelques encablures de Marseille, les falaises de la Côte Bleue reculent inexorablement de un centimètre par an. À Carry-le-Rouet et ses calanques, de nombreuses habitations trop proches de l'à-pic se sont effondrées, et les plages sont aujourd'hui interdites, car dangereuses à cause du risque d'éboulement.

Mais c'est surtout sur le littoral du Nord-Ouest que ce risque domine. Les falaises de craie de la Côte d'Albâtre, du Havre au Tréport, ont reculé d'environ 50 mètres durant le dernier demi-siècle. À Ault, sur le littoral picard, et à Criel-sur-Mer, en Seine-Maritime, ce recul atteint parfois 50 centimètres par an, et des mesures drastiques ont dû être prises : expropriation des habitants installés trop près des falaises et déplacement des axes de circulation devenus dangereux – et qui de surcroît fragilisaient la stabilité du terrain. Il n'y a véritablement pas eu d'autre solution que de déplacer les biens et les personnes qui étaient installés sur ces zones à risques…

Exceptionnellement, des bâtiments ont fait l'objet de toutes les attentions pour être sauvés. Ce fut le cas à Varengeville-sur-Mer, en Seine-Maritime. Sur cette commune, l'église Saint-Valéry, juchée face à la mer, était menacée par l'érosion de la falaise malgré les multiples travaux de consolidation. L'édifice historique peint par Monet et son cimetière marin dans lequel repose le peintre Georges Braque risquaient de s'effondrer quelque 80 mètres plus bas. D'ardents défenseurs de ce monument ont alors trouvé la solution technique, et surtout les moyens financiers pour sauver ce chef-d'œuvre en péril : placer des vérins sous les fondations, installer un système de rails et de roulettes pour déplacer l'église de quelques mètres tous les cinquante ans…

Mais aujourd'hui comme hier, mieux vaut prévenir que guérir, et la priorité reste de prévoir le recul du trait de côte pour protéger les zones menacées. Depuis 2016, les falaises situées entre Le Mont-Saint-Michel et Le Tréport sont scrutées par trois scanners placés sous le fuselage d'un avion. Lors du survol à basse altitude, c'est une bande de 5 mètres en mer et de 400 mètres dans les terres qui est ainsi scannée. Plus de trente années de données analysées font aujourd'hui une cartographie précise de l'évolution du littoral, et ont permis d'anticiper les conséquences de la hausse du niveau de la mer.

Enfin, plus insidieusement, cette élévation a également perturbé les estuaires de la Seine, de la Loire, de la Gironde et le delta du Rhône. Les intrusions salines y sont aujourd'hui beaucoup plus prononcées. L'eau des embouchures des fleuves est beaucoup plus salée qu'il y a cinquante ans, et cela a des conséquences sur la biodiversité : en ce milieu de siècle, la salinité s'est infiltrée sur environ un kilomètre en amont sur la Loire, et la Camargue est aussi touchée.

Pire encore, cette eau de mer s'infiltre également dans les terres par le sous-sol. Or les nappes phréatiques du littoral sont nombreuses et cette salinisation nous prive de ces ressources importantes en eau douce souterraine. Les conséquences sont donc lourdes sur l'alimentation en eau potable de ces régions côtières.

Sur notre planète, rappelons que 97,5 % de l'eau est salé. Autant dire que dans les conditions climatiques inédites que nous connaissons, les 2,5 % d'eau douce sont chaque jour un peu plus précieux…

Là-haut sur la montagne…

Pour des raisons évidentes, c'est en altitude que les effets du réchauffement climatique sont le plus intensément ressentis.

Ça fond

Entre le début du XXe siècle et les années 2010, les températures, sur les hauteurs des montagnes françaises avaient ainsi augmenté de près de 2 °C : c'était deux fois plus que la moyenne mondiale. Et bien sûr, cette spécificité a de nombreuses conséquences, dont certaines sont particulièrement spectaculaires.

Tel est le cas, évidemment, de la fonte des glaciers. Et d'abord, dans les Alpes, du plus célèbre d'entre tous, qui était aussi l'un des plus beaux, en même temps que le troisième plus grand du monde, par sa taille : la mer de Glace. Autrefois visible depuis Chamonix, elle ne l'était plus, au début de notre siècle, qu'en montant, par le célèbre chemin de fer du même nom, jusqu'au Montenvers. Où les touristes découvraient tout de même, dans les années 2010, un paysage de désolation, puisqu'à cette époque le glacier avait déjà reculé de 100 mètres par rapport à 1909. Aujourd'hui, il a presque complètement disparu, comme la plupart des glaciers alpins situés sous une altitude de 3 500 mètres, et il ne reste plus, pour le plaisir des yeux, que ceux des Bossons et de Taconnaz – et bien sûr le Mont-Blanc, toujours aussi majestueux !

Dans les Pyrénées, en revanche, aucun glacier n'a « survécu ». Les glaciologues avaient, comme dans les Alpes, anticipé leur disparition, après avoir par exemple constaté que celui d'Ossoue, l'un des plus importants de ce massif – mais aussi l'un des plus ensoleillés – avait perdu 15 mètres d'épaisseur entre 2000 et 2015, et que sa fonte ne cessait de s'accélérer. Pour les alpinistes comme pour tous les amoureux des paysages glaciaires d'altitude, cela a été une cause de profond chagrin, mais aussi, d'une certaine manière, un renouveau, car ils ont dû inventer, pour leurs ascensions, devenues sans doute un peu plus sûres, de nouveaux itinéraires…

Moins de neige

Le réchauffement ne fait pas seulement fondre les glaciers : il réduit aussi l'enneigement. La limite pluie-neige, qui est l'altitude à laquelle la pluie, sous l'effet du froid, se transforme en neige, est remontée de plusieurs centaines de mètres, pour se stabiliser temporairement, en 2050, à 1 500 mètres.

Entre 2009 et 2011, les chercheurs de Météo France avaient mené une étude prospective approfondie pour simuler ce que serait l'enneigement en France au cours du XXIe siècle. Ils prédisaient, pour 2080, tout en soulignant qu'il s'agissait là de leur scénario « le plus pessimiste », une baisse de la durée de l'enneigement sur les Alpes de 60 à 85 % (selon les massifs, ceux du nord du massif étant les moins affectés) à basse altitude, et de 40 à 75 % à moyenne altitude. Aujourd'hui, en 2050, les faits semblent leur donner raison : la hausse des températures a pour effet qu'il pleut désormais, en montagne, bien plus souvent qu'il ne neige, et que la neige, lorsqu'elle tombe, fond toujours plus vite, surtout aux altitudes moyennes, entre 1 200 et 2 000 mètres. Dans les années 2010, il y avait encore, en moyenne, cent soixante-dix jours de neige par an dans les Alpes du Nord. Il n'y en avait plus que cent trente en 2030, et cette baisse s'accélère depuis. Les Alpes du Sud, elles aussi, ont perdu plus de cinquante jours d'enneigement par an. Et partout dans le massif alpin, le manteau neigeux a perdu, en quatre décennies, près de 50 centimètres d'épaisseur, cependant qu'il a presque complètement disparu dans les Pyrénées.

Tout cela est lourd de conséquences, car la montagne ne joue plus son rôle de réserve d'eau. Ses maigres neiges, lorsqu'elles fondent au printemps et en été, ne suffisent plus, on l'a dit, à alimenter les cours d'eau en aval, dans les régions soumises aux canicules estivales. Seule consolation : les avalanches, aujourd'hui, sont moins nombreuses que par le passé.

Mais d'autres dangers menacent, qui nous sont connus depuis plusieurs décennies. Au mois d'août 2018, déjà, un morceau de rocher de 10 mètres de long s'était détaché de la paroi de l'arête des Cosmiques, dans le massif du Mont-Blanc. Cela n'avait rien d'exceptionnel. Car la hausse des températures accélère l'érosion et aggrave la friabilité des montagnes, et de nombreux travaux d'aménagement ont dû être effectués pour assurer la sécurité des randonneurs et des varappeurs.

Alpages en danger

C'est en vérité toute l'économie de la montagne qui se trouve profondément affectée par le dérèglement climatique. Les éleveurs, en particulier, ont dû s'adapter à la hausse des températures. Le réseau Alpages sentinelles observait ainsi, dès le début de notre siècle, que la multiplication des canicules et d'épisodes extrêmement secs impactaient fortement les alpages. Les sécheresses, par exemple, diminuaient la quantité d'herbe disponible. Les variations dans les dates de fonte des neiges et les écarts plus marqués des températures printanières modifiaient la vitesse de croissance des plantes fourragères. Elles étaient certaines années très précoces, et d'autres, au contraire, fort tardives. Bien entendu, la qualité du végétal en pâtissait. Depuis, ces phénomènes se sont aggravés. Dans les pâturages, les troupeaux, certes beaucoup moins nombreux depuis que la viande n'est plus l'un des éléments principaux de notre alimentation, trouvent toujours de l'herbe, jusque dans les prés qui ont été gagnés sur les espaces autrefois dédiés aux sports d'hiver. Mais il est devenu délicat pour les éleveurs de reconstituer les stocks fourragers qui leur servent à nourrir leurs bêtes pendant l'hiver : dans les montagnes du pourtour méditerranéen, évidemment plus exposées aux fortes chaleurs, beaucoup se trouvent confrontés à de réelles difficultés. Certains se sont même reconvertis dans des formes d'agriculture que nul n'aurait imaginées il y a encore cinquante ans : en plantant, par exemple, sur des versants où dévalaient jadis des skieurs, des oliviers qui fournissent de délicieuses huiles et tapenades !

Un peu de tourisme

Quand on prépare ses vacances aujourd'hui, on commence par jeter un coup d'œil à l'ICT : l'indice de confort touristique.

Pour un lieu donné, celui-ci prend en compte différents paramètres : l'ensoleillement, le confort thermique avec la température ressentie, le vent, l'humidité, les précipitations, le risque orageux et la probabilité de canicule, mais aussi la disponibilité de la ressource en eau, le risque d'incendie ainsi que la qualité de l'air et les conditions sanitaires. Cet ICT, qui varie évidemment selon les saisons, ne reste toutefois qu'un indicateur pour choisir sa destination.

Trop chaud !

Il faut dire que les cartes touristiques ont été rebattues. En plein été, l'autoroute du Soleil ne mène plus forcément vers les vacances idéales. À cause des températures de plus en plus élevées, une partie du littoral de la Grande Bleue, très urbanisé, subit, comme les villes, l'effet d'îlot de chaleur. De plus, les départements méditerranéens souffrent d'une sécheresse chronique qui s'est encore accentuée ces trente dernières années. Déjà, en 2019, la région niçoise avait établi un record de soixante jours sans pluie en février et mars alors que cette faiblesse des précipitations était habituellement enregistrée en été : ce déficit est aujourd'hui la norme.

La Côte d'Azur, si convoitée par les estivants, a été beaucoup trop sollicitée. La zone littorale a vu sa démographie exploser depuis un siècle et demi. En été, certaines communes voyaient souvent leur population doubler, voire tripler. Pour renforcer l'attrait touristique de la région, des golfs bien verts avaient même été construits : cette demande phénoménale en eau pendant les mois durant lesquels les nappes phréatiques sont au plus bas ne pouvait plus être satisfaite – d'autant que les exploitations fruitières de la région étaient également de grandes consommatrices d'eau.

Cela n'était plus tenable, car la ressource hydraulique s'est raréfiée. Parce que le manteau neigeux hivernal est, comme nous l'avons dit, beaucoup moins épais qu'auparavant sur le sud du massif alpin, la fonte nivale s'est réduite ces cinquante dernières années. Le château d'eau de la région Provence-Alpes-Côte d'Azur, constitué par la Durance et son affluent le Verdon, ne suffit plus aujourd'hui à recharger les nappes phréatiques. Partout, les niveaux sont en baisse. La cote du lac de Serre-Ponçon est descendue. Plus à l'ouest, le débit du Rhône est ralenti, et l'eau de mer salée remonte toujours plus haut vers la source du fleuve.

La région PACA ne supporte donc plus,

en période estivale, la demande de millions de vacanciers. Et pour les estivants, les conditions sont devenues inconfortables. D'autant que la sécheresse chronique favorise le risque d'incendie. La forêt méditerranéenne est aujourd'hui très fragile : la nature est réputée être toujours la plus forte, mais elle a parfois du mal à se relever. Quand une forêt brûle au moins quatre fois en cinquante ans, comme cela a été le cas en Méditerranée depuis 2030, sa restauration est de plus en plus difficile, et l'érosion des sols montagneux après le passage des flammes complique la situation.

Vers l'ouest !

Pour trouver une chaleur moins étouffante et un ICT raisonnable, de plus en plus de touristes optent désormais pour le littoral atlantique ainsi que les côtes de la Manche.

Car, en dépit de la hausse générale des températures, qui touche également ces régions, les épisodes caniculaires épargnent le littoral compris entre la Bretagne et la Côte d'Opale. Les conditions y sont tout de même plus agréables et respirables que sur le reste du territoire, et attirent donc de plus en plus d'estivants.

Les Espagnols, par exemple, qui étouffent littéralement de l'autre côté des Pyrénées, sont de plus en plus nombreux à venir y chercher en été un peu de « fraîcheur » – toute relative !

Ces vacanciers doivent cependant se montrer rigoureux et respectueux de leur environnement balnéaire, car là aussi le trait de côte a déjà beaucoup reculé et doit être ménagé. La renaturation des dunes et de leurs abords limite ce processus, et doit par conséquent être scrupuleusement respectée. Ces aménagements sont d'ailleurs devenus des atouts touristiques : le long du littoral aquitain, par exemple, des voies cyclables et des activités de découverte ont été installées sur les digues qui le protègent contre la montée des eaux – des solutions positives, innovantes et séduisantes.

Vacances vertes

La baie de Somme illustre bien, et avec succès, le positionnement qui s'est partout imposé depuis quarante ans : faire le choix d'un tourisme environnemental, « vert », en optant pour une mobilité douce, la mise en avant des ressources locales – ici un parc ornithologique – et une offre de petite et grande restauration inscrite dans des réseaux en circuit court. Au sud, dans l'Hérault, La Grande-Motte, où les dunes reculaient et étaient autrefois bloquées par une départementale qui longeait la plage, ce même choix d'un tourisme vert a prévalu. Cette route a été déplacée, et depuis plus de trois décennies, il faut désormais marcher pour accéder aux plages. Cet espace a été balisé, et il est devenu un outil de sensibilisation qui permet à la station balnéaire de gagner en attractivité.

De nombreux campings, sur l'ensemble du littoral, ont dû se replier dans les terres face au recul du trait de côte, et la priorité a été donnée à la renaturation des zones balnéaires, qui se sont ainsi trouvées libérées.

Retour à la montagne

De plus en plus prisée, l'autre villégiature estivale, c'est la montagne. Le slogan promotionnel des années 1990 « La montagne, ça vous gagne ! » est toujours d'actualité... En 2050, on vient en altitude l'été pour trouver une température respirable, de grands espaces et de l'authenticité. Entre la randonnée, la pratique du VTT, la découverte de la flore et de la faune et les activités nautiques, les massifs montagneux séduisent de plus en plus quand leurs versants sont verts. Les hébergements se sont considérablement améliorés. Autrefois, les logements empilés dans les stations donnaient l'impression d'une urbanisation excessive de la montagne, aujourd'hui, l'ambiance chalet prévaut et séduit.

Les vallées qui ont négocié et réussi ce virage du tourisme montagnard y ont été toutefois un peu contraintes : au XXe siècle, alors que la température moyenne en France a augmenté de 0,89 °C, la hausse dans les Alpes a été, on l'a dit, deux fois plus importante, puisque le baromètre a grimpé de 1,85 °C. L'enneigement hivernal s'affaiblissant et devenant de plus en plus aléatoire en dessous de 1 500 mètres d'altitude, la viabilité des stations de sports d'hiver de moyenne montagne n'a plus été assurée, pour beaucoup d'entre elles, à partir de 2030. Aujourd'hui, le filon de l'or blanc s'est définitivement tari.

Comment alors s'adapter et maintenir une activité économique malgré les conséquences du réchauffement climatique ? Il a fallu offrir d'autres activités, et un nouveau concept de vacances. Auparavant, on « allait au ski » ; aujourd'hui, on « va à la montagne ». C'est un environnement qu'on choisit, et ça plaît. Cette réorientation permet d'ailleurs d'étendre la période d'accueil des touristes des premières belles journées du printemps aux dernières de l'automne. C'est une sorte de retour aux sources du tourisme montagnard, tel qu'on le concevait au XIXe siècle avec un esprit « air pur et santé » !

Quant aux skieurs et autres inconditionnels de la glisse, seules les stations de haute altitude leur offrent encore des domaines suffisamment praticables en hiver. Au prix d'un entretien difficile, car la gestion de la ressource en eau ne permet pas toujours l'enneigement artificiel avec des canons. Dans ces conditions, le prix du forfait pour les remontées mécaniques s'en ressent, et est devenu dissuasif pour beaucoup.

Vacances 6.0

Pour être vertes, nos vacances, en 2050, n'en bénéficient pas moins des progrès de la technologie.

Nos écrans, par exemple, nous donnent des idées de voyages. En regardant « *Into the Wild* de Sean Penn ou *Carnets de voyage* de Walter Salles, nous pouvons identifier les lieux où se déroule chaque scène de ces films et obtenir toutes les informations pour nous y rendre et y séjourner ! Un devis personnalisé selon notre profil nous est aussitôt transmis, et nous permet de réserver nos vacances. Cette technologie mise en place par Amadeus, le fournisseur de solutions de réservation pour l'industrie du voyage, est aujourd'hui courante. Et lors de nos périples à l'étranger, la langue n'est plus un obstacle pour communiquer, car les échanges avec nos hôtes sont traduits instantanément via une oreillette. Pratique !

Le transport, notamment aérien, reste cependant très polluant. Les avions continuent d'émettre des gaz à effet de serre : l'amélioration de la performance énergétique des appareils est malheureusement atténuée par la croissance du trafic.

Mais pour satisfaire notre soif de tourisme, de grands espaces, de dépaysement et de découvertes, il existe aujourd'hui une alternative « zéro émission », qui est une sorte de téléportation, telle que l'imaginaient nos grands-parents au XXe siècle : la réalité virtuelle. Se promener dans Monument

Valley, visiter les pyramides de Gizeh ou le temple d'Angkor sans bouger de son canapé ? C'est possible ! Avec un masque vissé sur le visage (et même si la sensation essentielle du contact avec l'autre manque cruellement dans ces voyages numériques), la restitution de la réalité est époustouflante, car le son et l'image, en 3D bien sûr, mais aussi les parfums nous immergent dans une réalité haute-fidélité !

Enfin, en ce milieu de siècle, certains recherchent le grand frisson ultime du voyage spatial. Le milliardaire japonais Yusaku Maezawa a été le premier touriste à s'envoler pour la Lune en 2023 – cela lui avait coûté une fortune.

Ces voyages vers notre satellite, s'ils ne sont bien sûr pas devenus courants – car ils restent extrêmement onéreux –, se sont ensuite multipliés, et aujourd'hui, en 2050, certains poussent même jusqu'à la planète Mars. Les touristes en reviennent enchantés ! Avec plein de photos-souvenirs, mais sans les petits hommes verts…

LE MOT DE LA FIN

Nous devons de toute urgence nous adapter à de nouvelles conditions climatiques. Effectuer notre transition énergétique. Modifier nos modes de consommation. Bouleverser nos habitudes de vie. Ces efforts seront-ils suffisants pour limiter le réchauffement à 1,5 °C seulement au-dessus des niveaux préindustriels, comme le préconise le GIEC ?

Aujourd'hui, en 2019, plusieurs mécanismes du climat terrestre sont encore mal compris par les scientifiques, car ils sont extrêmement complexes. Certains de ces systèmes ont été réévalués récemment, pour prendre en compte de nouvelles données. Les océans et les forêts, par exemple, absorbent le dioxyde de carbone. Or, une hausse trop importante de la température globale ralentirait cette absorption, renforcerait l'effet de serre et accélérerait donc encore la hausse du thermomètre. Ces degrés supplémentaires favoriseraient également le dégel des terres des hautes latitudes, le permafrost, et libéreraient les faramineuses quantités de méthane qu'il contient. Il y a donc bien un point de rupture, évalué à 1,5 °C. Au-delà, les phénomènes liés au réchauffement s'amplifieraient.

Face à cet emballement climatique, en octobre 2018, le secrétaire général de l'Organisation météorologique mondiale (OMM), Petteri Taalas, a dit : « C'est de l'urgence extrême. » De son côté, la climatologue française Valérie Masson-Delmotte, estime que « la politique des petits pas, ça ne suffit pas ».

Mais comment réagir vite et fort quand la volonté politique fait défaut ? La France représente moins de 1 % du volume de CO_2 émis chaque année dans le monde. Notre pays est « bon élève ». Il « peut mieux faire encore », mais si nous sommes seuls à consentir des efforts, ceux-ci resteront vains…

En 2015, les 197 pays signataires de l'accord de Paris à l'issue de la COP 21 avaient lancé au monde un message encourageant. Mais depuis, Donald Trump, président de la deuxième nation la plus émettrice de CO_2 derrière la Chine, les États-Unis, s'est retiré unilatéralement de cet accord. Et quant au nouveau président brésilien Jair Bolsonaro, il n'a pas eu un mot concernant le climat, sauf pour annoncer que son pays renonçait à se porter candidat à l'accueil de la COP 25 : ce message-là est clair, et quelque peu décourageant.

Qui, alors, peut faire bouger les lignes ? Aujourd'hui, la jeune suédoise Greta Thunberg rassemble derrière elle plusieurs millions de jeunes dans le monde entier. Leur exigence est simple et directe : que nos responsables politiques s'engagent pour de bon, et luttent efficacement contre le réchauffement climatique.

En 2050, Greta aura quarante-sept ans. Ce sont elle et nos enfants qui vivront dans le monde que nous venons de décrire. Bien entendu, nous les encourageons, et comptons sur leur extraordinaire mobilisation. Mais surtout : ce sont eux qui comptent sur nous…

TABLE DES CHAPITRES

SOURCES :

http://collectivitesviables.org/articles/ilots-de-chaleur-urbains.aspx
https://www.lemonde.fr/smart-cities/video/2019/01/31/quatre-solutions-pour-un-paris-moins-pollue_5417157_4811534.html
http://www.atmo-hdf.fr/joomlatools-files/docman-files/Depliants_plaquettes/F3Urbanisme.pdf
https://www.lemonde.fr/planete/article/2008/09/25/peignons-les-toitures-en-blanc-pour-contrer-le-rechauffement-climatique_1099406_3244.html
https://www.republicain-lorrain.fr/france-monde/2018/08/05/rechauffement-climatique-comment-s-adaptent-les-villes
https://www.lemoniteur.fr/article/des-techniques-pointues-au-service-des-batiments-anciens.272334

https://www.nexitylab.fr/nouveaux-usages/quels-sont-les-materiaux-qui-faconneront-la-ville-de-demain/
https://www.edf.fr/collectivites/le-mag/le-mag-collectivites/strategie-energetique-territoriale/bepos-quand-le-batiment-produit-plus-d-energie-qu-il-n-en-consomme
https://www.cahiers-techniques-batiment.fr/article/une-alternative-a-la-climatisation.34907
http://www.driea.ile-de-france.developpement-durable.gouv.fr/IMG/pdf/Vegetalisation_des_batiments_cle5b8c86.pdf
https://www.lemonde.fr/economie/article/2019/03/09/charbon-pourquoi-macron-ne-pourra-pas-tenir-tous-sa-promesse_5433728_3234.html
http://www.sfen.org/rgn/rapport-giec-respecter-accord-paris-necessitera-nucleaire.
https://www.lemonde.fr/planete/article/2019/02/01/le-nucleaire-ne-suffira-pas-a-sauver-le-climat_5417491_3244.html.

https://www.lesechos.fr/thema/
0600642086727-fawzi-nashashibi-le-
vehicule-autonome-en-site-ouvert-
pas-avant-2050-2243390.php
file:///E:/CHAPITRES/SE%20DEPLACER/
DOC/2018.06.01_dp_plan_deploiement_
hydrogene_0.pdf
https://www.ademe.fr/sites/default/files/
assets/documents/enquete-nationale-auto-
partage-ena1bis-2017-enquetes.pdf
https://www.liberation.fr/direct/element/
climat-les-nappes-phreatiques-poten-
tielles-bombes-a-retardement_92792/
https://www.nationalgeographic.fr/environ-
nement/france-les-nappes-phreatiques-
pourraient-etre-sec-dici-2050
https://www.lesechos.fr/20/09/2018/les
echos.fr/0302282723429_premiere-usine-de-
proteines-a-base-de-vers-pour-ynsect.htm
https://www.lexpress.fr/styles/saveurs/
laurent-schneider-ce-chef-rend-les-in-
sectes-appetissants_2051999.html.
https://www.clubfrancaisduvin.com/fr/
le-mag/encyclopedie/la-crise-du-
phylloxera-et-ses-consequences

https://www.sudouest.fr/2016/10/15/rechauf-
fement-climatique-les-cepages-ances-
traux-au-secours-de-la-vigne-2536387-713.
php
http://www.lefigaro.fr/sciences/2013/
05/15/01008-20130515ARTFIG00527-climat-
les-poissons-mettent-le-cap-au-nord.php
https://www.futura-sciences.com/
planete/actualites/oceanographie-re-
chauffement-climatique-jusqua-35-pois-
sons-moins-oceans-41639/
https://www.novethic.fr/actualite/environ-
nement/agriculture/isr-rse/ces-5-aliments-
symboliques-de-notre-mode-de-vie-
sont-menaces-par-le-rechauffement-cli-
matique-146526.html
https://www.futura-sciences.com/
planete/actualites/changement-clima-
tique-emissions-methane-palourdes-pour-
raient-concurrencer-elevages-bovins-68916/
https://sciencepost.fr/2017/10/lelevage-in-
tensif-de-palourde-emettrait-10-gaz-a-effet-
de-serre-degages-mer-baltique/
https://www.apc-paris.com/plan-climat/
consommer-durable-zero-dechet

https://www.lemonde.fr/climat/article/2018/12/11/quel-regime-alimentaire-devons-nous-adopter-pour-sauver-le-climat_5395599_1652612.html
http://www.lefigaro.fr/gastronomie/2015/06/13/30005-20150613ARTFIG00001-les-grands-chefs-passent-au-vert.php
https://www.lemonde.fr/planete/article/2015/10/26/les-francais-ont-de-moins-en-moins-d-appetit-pour-la-viande_4797354_3244.html
https://www.hcsp.fr/explore.Cgi/avisrapportsdomaine?clefr=523
https://solidarites-sante.gouv.fr/IMG/pdf/Recommandations_sanitaires_Plan_canicule_2014.pdf
http://sante.lefigaro.fr/actualite/2015/05/26/23773-quatre-fois-plus-pollen-dambroisie-europe-dici-2050
https://www.sciencesetavenir.fr/animaux/insectes/la-chenille-procession-naire-est-entree-dans-paris_100548
https://www.sciencesetavenir.fr/sante/allergies/18-bebes-hospitalises-a-cause-de-chenilles-tombees-d-un-arbre_111394

http://opac.invs.sante.fr/doc_num.php?explnum_id=376
https://solidarites-sante.gouv.fr/IMG/pdf/achia_brochure-fr.pdf
https://agriculture.gouv.fr/telecharger/69218?token=dd68fdb058b8ed13ec1d77cf75b16fd1
http://www.gipecofor.org/doc/drupal/ONERC_Rapport_2014_Arbre_Et_Foret_WEB.pdf
http://www.lefigaro.fr/vert/2009/05/20/01023-20090520ARTFIG00046-comment-le-rechauffement-va-transformer-la-foret-francaise-.php
https://www.climate-chance.org/wp-content/uploads/2018/12/fp16-france-utcatf_def.pdf
https://www.actu-environnement.com/ae/news/climat-feu-foret-france-2050-11107.php4
https://www.sudouest.fr/2016/07/10/carte-interactive-le-grand-retour-de-la-faune-sauvage-en-europe-et-en-france-2420693-706.php
https://www.europe1.fr/societe/loup-

le-quota-dautorisation-dabattage-releve-a-51-betes-3783047
https://www.liberation.fr/france/2018/03/20/les-oiseaux-disparaissent-de-nos-campagnes-a-une-vitesse-vertigineuse_1637575
https://www.franceculture.fr/economie/comment-la-france-perd-ses-abeilles-et-leur-miel
http://www.onml.fr/uploads/media/un_quart_du_littoral_recule_du_fait_de_l_erosion_01.pdf
https://www.liberation.fr/france/2019/02/21/rechauffement-grande-synthe-crie-eau-secours_1710865
https://www.cairn.info/revue-population-et-avenir-2006-2-page-4.htm#
http://www.observatoire-cote-aquitaine.fr/
https://hal-brgm.archives-ouvertes.fr/hal-01062219/document
https://social.shorthand.com/NormandieActu/jg8IoQRZg3/falaises-qui-reculent-eboulements-et-glissements-de-terrain
http://www.onml.fr/uploads/media/un_quart_du_littoral_recule_du_fait_de_l_erosion_01.pdf

http://infoterre.brgm.fr/rapports/
RP-66277-FR.pdf
https://www.paris-normandie.fr/actualites/
societe/et-si-l-eglise-de-varengeville-sur-
mer-etait-deplacee-MH14646208
https://www.ouest-france.fr/leditiondusoir/
data/24630/reader/reader.html#!preferred/1/
package/24630/pub/35464/page/4
https://www.lemonde.fr/climat/
article/2017/02/16/les-glaciers-alpins-
fondent-a-tres-grande-vitesse_5080829_
1652612.html
https://weather.com/fr-FR/france/environ-
nement/news/2018-09-21-rechauffement-
climat-fonte-neige-pyrenees-2050
http://www.ecrins-parcnational.fr/dossier/
changement-climatique-avenir-alpages
https://www.alti-mag.com/alti-actus/
rechauffement-climatique-dans-
les-alpes-opportunite-ou-menace
https://lejournaldeleco.fr/le-tourisme-se-
reinvente/
https://www.lessor38.fr/stations-quel-en-
neigement-en-isere-en-2050-23486.html

https://www.la-croix.com/Economie/Economie-et-entreprises/Le-tourisme-francais-reconquete-sports-dhiver-2018-12-31-1200992501

https://www.senat.fr/rap/r02-015-1/r02-015-114.html

https://www.tourisme-durable.org/tourisme-durable/ressources-1/download/177/410/18?method=view

http://tourismedufutur.eu/actus-innovations/

https://www.businesstravel.fr/le-rechauffement-climatique-s-accelere-quel-impact-pour-le-tourisme.html

http://hermes.dt.insu.cnrs.fr/REPO/Rapport_Brun_Hublart.pdf

http://hermes.dt.insu.cnrs.fr/REPO/Rapport_Brun_Hublart.pdf

http://www.etourisme.info/et-si-la-grande-innovation-etait-de-repenser-la-performance-touristique/

https://www.ladocumentationfrancaise.fr/pages-europe/d000531-tourisme-et-climat.-l-exemple-des-cotes-nord-mediterraneennes-par-raphael-bille-et

http://www.grec-sud.fr/wp-content/uploads/2017/08/GREC-PACA-Cahier-Ressource-en-eau-BAT-HR-TDC2.pdf
https://www.nexitylab.fr/nouveaux-usages/quels-sont-les-materiaux-qui-faconneront-la-ville-de-demain/
https://immobilier.lefigaro.fr/annonces/edito/acheter/j-emmenage/comment-sera-fabriquee-la-maison-du-futur

REMERCIEMENTS

Tous mes remerciements à Jean Jouzel, ancien membre du GIEC, Président de « Météo et Climat » qui m'a particulièrement encouragé et soutenu tout au long de la rédaction de cet ouvrage.

Ma reconnaissance également à l'égard de Christian Vannier et Morgane Daudier du « Forum International Météo et Climat ». Ils ont su, depuis tant d'années, établir un lien indispensable entre les scientifiques du climat, les journalistes et le grand public. L'idée de ce livre est née également grâce à eux, parce qu'ils ont provoqué ces rencontres enrichissantes.

À mes côtés pendant ce travail de prospective, Sébastien Fontenelle m'a apporté toute son aide, ses précieux conseils, ses avis argumentés et son regard bienveillant. Je le remercie sincèrement.

Enfin, merci à mes sources personnelles de développement durable et d'énergie renouvelable : Sylvie, qui me motive et me rend la vie chaque jour encore plus heureuse. Mais aussi Anne, Mathilde et Louis, mes enfants, qui m'inspirent car cet avenir, c'est surtout le leur !

Composition
PRESS·PROD

CET OUVRAGE
A ÉTÉ ACHEVÉ D'IMPRIMER
SUR ROTO-PAGE
PAR L'IMPRIMERIE FLOCH
À MAYENNE EN AOÛT 2019

Ce livre est imprimé en France, par un imprimeur soucieux de préserver l'environnement à travers des actions d'économies d'énergie, de valorisation des déchets, d'utilisation de produits moins nocifs pour la santé des travailleurs.

Imprimé en France
Dépôt légal : juin 2019
N° d'impression : 94384
ISBN : 978-2-7499-4031-1
LAF 2761